Ferdinand Fauland

IN KAISERS BUNTEM ROCK

Anekdoten aus der k·u·k· Armee

Styria

UMSCHLAG UND ILLUSTRATIONEN: GOTTFRIED PILS

Printed in Austria
Gesamtherstellung:
Druck- und Verlagshaus Styria, Graz
ISBN 3 222 10774 2

INHALT

DIE »GROSSE SCHWEIGERIN«

Was war sie denn eigentlich, diese »Große Schweigerin«, und weshalb gab man ihr diesen seltsamen Namen, den jeder, der einmal in ihren Reihen stand, mit Andacht auf die Lippen nimmt?

Es war die in Ehren bestandene und in Ehren untergegangene Armee des alten Österreich, und ihren Namen hat sie sich verdient durch die unbeugsame Pflichterfüllung, mit der sie alles schweigend trug, was Herrscher und Volk von ihr verlangten.

Längst sind die Kompagnien, Schwadronen und Batterien, die Brigaden, Divisionen und Korps in die weiten Fernen der Vergangenheit marschiert. Doch von ihren Taten künden viele Tausend Ruhmesblätter altösterreichischer Soldatengeschichte. Aber mitten hinein in die ernste Melodie von Sieg und Kampf, von Tod und Untergang klingen unzählige heitere Schnurren und Anekdoten, die vom Soldatentum jenseits der harten Pflicht berichten.

Der Autor, dem selbst einmal die alte Armee geliebte Heimat war, hat solche Aventüren schon seit seiner Jugendzeit gesammelt und aufgeschrieben und nun aus seinem großen Erinnerungs- und Erlebnisschatz hervorgeholt — zur wehmütig heiteren Erinnerung für die, die einmal in den Reihen der alten österreichischen Armee standen, aber auch zur Freude für alle diejenigen, die die »Schweigerin« nicht mehr selbst erlebten.

Sollte die eine oder andere Anekdote dem Leser dieses Büchleins bereits bekannt sein, so bittet der Autor um

Nachsicht. Vieles hat er aus dem Munde anderer vernommen und aufgeschrieben und ist nicht schuld, wenn diese es als Selbsterlebtes an ihn weitergegeben haben.
Wenn aber so mancher unter den Lesern, der die alte Armee noch gekannt hat, vielleicht die eine oder andere Geschichte vermißt, die auch niederzuschreiben würdig gewesen wäre, so sei hier vermeldet, daß dieses Bändchen, wenn es gefallen sollte, nicht das letzte seiner Art sein wird.
Ohne eine Gruppe oder gar einzelne aus der bunten Fülle der »Schweigerin« besonders hervorheben oder loben zu wollen, sei hier einmal von den opferbereiten Wuckln und den treuen k. u. k. Pfeifendeckeln erzählt, aber auch von Waffenbrüdern anderen Blutes, anderer Zunge, den Bosniaken und Krowotowitschen, die ebenfalls im Vielvölkerstaate der alten Monarchie ihre Heimat hatten und zu des Kaisers treuen Söhnen gehörten wie die deutscher Zunge aus unseren alpenländischen und donauseitigen Gauen.
Wir wollen sie erleben und vielleicht sogar wiedererkennen in der Lust und Sorglosigkeit ihrer Soldatenjugend, in der Würde und unter der Last ihres Alters. Sie alle sind längst dahin, und uns verblieben liebenswerte Bilder, die aber nicht vergessen machen sollen, daß so mancher, von dem hier berichtet und dessen Tun und Lassen uns heute ein heiteres Lächeln abringen, wo weit in fernen Landen in fremder Erde schläft, gefallen in treuer Erfüllung seiner Pflicht.
In diesem Sinne sei noch einmal im Geiste die Parade abgenommen über die »Große Schweigerin« und sollen noch einmal die unvergänglichen Gestalten einer längst versunkenen Welt an uns vorbeiziehen ...

DER WUCKL

Begonnen sei mit dem kleinsten Rädchen im Getriebe jenes großen Uhrwerks, das einst die alte Armee darstellte, mit dem »Wuckl«, dem Manne, dem keine Würde mehr zu eigen war als die des stillen Helden und der deshalb schon die Unvergessenheit verdient.
»Gemeiner« wurde er einst genannt, und erst in neuerer Zeit milderte man den Mißton dieses vormärzlichen Wortes zur Bezeichnung »Soldat ohne Chargengrad«. Damit war der Widerspruch zwischen Namen und Wert seines Trägers wenigstens einigermaßen getilgt. Denn gerade der »Gemeine« hatte seit jeher die schwerste und härteste Last des Soldatentums zu ertragen, und er trug sie mit größter Opferwilligkeit, mit Mut und Pflichttreue, aber auch mit herzerfrischender Schelmerei.
»Wuckl« – woher wohl dieses Wort gekommen sein mag? Dem Chronisten ist es nicht gelungen, seine Wurzel sicher aufzuspüren. Doch liegt in seinem Klange ein Hauch von Kommißzärtlichkeit, die es in ihrer Rauhheit niemals vermochte, etwas Wohlklingenderes zu erfinden. Nicht aber ist im Klang des Wortes böhmischer Urlaut zu verkennen.

Schon die ersten Tage militärischer Kindheit brachten dem Wuckl Begegnungen, die zu Überraschungen wurden.
Der Vitus Kranzlbinder war zu den steirischen Jägern eingerückt, direkt weg von der Schankbudel des väterlichen Landwirtshauses. Schon in den ersten Tagen seines militärischen Daseins lief er auf dem Kasernenhof einem hohen Herrn in die Quere, den er in seiner Rekrutenunschuld nicht bemerkte.
»Hallo! Sie! Kommen S' einmal her«, rief ihn derselbe an.

»Ih?« fragte der Vitus ganz erstaunt.
»Ja freilich, Sie. Ist ja kein anderer da.«
Der Vitus stellte sich vor den so gänzlich Unbekannten hin.
»Bitt schön, ich bin schon da.«
»Na und?«
Der Vitus wußte nicht was.
»Und?«
»Kennen S' mich nicht?« fragte der andere.
»Na.«
»Warum grüßn S' nicht?«
Der Logiker Vitus gab die richtige Antwort.
»Ih Eahner grüaßn. Wußt nit, wegn we. Ih kenn Eahner ja nit.«
»Sind S' Rekrut?«
»Ja, leider«, seufzte der Anfänger, »gestern, na, vurgestern bin ih erscht eingruckt.«
»Und da hat man Ihnen nicht gesagt, daß man jeden Offizier zu grüßen hat?«
»Dös schoan, gsagt ham sie uns dös schoan.«
»Und warum grüßn S' dann nicht? Kennen S' mich nicht?«
Der Vitus wurde schon etwas ungeduldig.
»Na, haun ih Eahner schoan gsagt. Ih kenn Eahner nit.«
Der hohe Herr aber gab nicht nach.
»Haben Sie aber doch schon gelernt, woran man einen Offizier erkennt?«
»An die Stern, Herr Feldwebel«, bekannte der Rekrut.
»Feldwebel bin ich grad keiner. Schauen S' einmal auf meinen Kragen! Was sehen S' denn da?«
Der Vitus schaute genau hin auf den Kragen.
»Drei guldene Stern auf jeder Seiten.«

»Gut, und wer hat denn drei goldene Stern? Wissen S' das schon?«
Der Vitus konzentrierte alle seine Geisteskräfte, und nach einer kleinen, schöpferischen Pause stotterte er erleichtert: »Drei guldene Stern?... Drei guldene Stern?... Der Koniak hat sie, die drei Stern, meld' ghorsamst, waunns oan guater is.«

Hatte man die Rekrutenzeit glücklich hinter sich gebracht und war man – den Brüsten mehr oder weniger freundlicher Ausbilder entwöhnt – zu einem kräftigen und allen militärischen Künsten holden Jüngling herangewachsen, so gehörte man zu den jüngsten der alten Diener.
Mit fortschreitender Dienstzeit – sie dauerte immerhin drei, später nur zwei Jahre – lernte man immer besser, mit den Imponderabilien des kaiserlichen Dienstes fertig zu werden, allen Fährlichkeiten auszuweichen und sich das Kommißleben, wenn nicht gerade erstrebenswert, so doch erträglich zu machen.
So mancher strebte nach den Sternen und fand gebührenden Platz in den Reihen der Gernegroße, angefangen vom Herrn Gefreiten bis zum Feldwebel. Der andere aber liebte das sternenlose Leben und blieb der »Wuckl« bis zum Reservisten. Nur daß er sich mitunter je nach Charakter und persönlicher Geistigkeit zu irgendeinem Vogel mauserte, da zu einem feinen, dort zu einem schlauen und mitunter auch zu einem Spaßvogel.
Der Thymian Kurzbichler war ein schlauer Vogel.
Als er mit seinem Kameraden Zwickelhuber von den Siebenern in der Militärschwimmschule am See beim

Baden war, wurde er von einem älteren Herrn, der anscheinend fremd in der Gegend war, um allerlei befragt. »Sagen S' mir einmal, wie heißt denn die Insel da drüben, oder besser gesagt, wie heißt denn das Dörfl drauf mit der Kirche?«

»Das ist Maria Wörth, meld' ghursamst, Herr Oberst.«

»Und das da drüben ist wohl die Gegend von Pörtschach?« riet der Fremde.

»Werd schon sein, Herr Oberst.«

»Und die Ortschaft da drüben?«

»Das is Reifnitz, Herr Oberst.«

»Also, ich dank Ihnen für die Auskünfte«, beschloß der Fremde seine Fragerei. »Sind S' da daheim?«

»Jawohl, Herr Oberst, ich bin ein Klagenfurtner.«

Als dann der Mann gegangen war, fragte der Zwickelhuber: »Du, Thymian, allweil hast du den Alten mit ›Herr Oberst‹ angredt. Wie hast denn du derkennt, daß er a sulchener is, wo er nur eine Schwimmhosen anghabt hat?«

»Dos waß ih selber net. Aber weil er soviel gfragt, immer ummereinanderkrakeelt hot mit die Badwaschel, eahm nix recht is gwesen und weil er so krumpe Haxn ghobt hot, do hob ih mir gedenkt, so a Krakeeler muaß a Oberst sein.«

Später hat der Kurzbichler noch eine Auskunft geben müssen, das heißt, er hat sie nicht geben müssen, sondern er gab sie freiwillig, sehr deutlich und verständlich.

Einer, der wie ein Spion ausschaute, fragte ihn nämlich: »Wie stark ist eine Kompagnie?«

Auf diese ihm sehr verfänglich scheinende Frage hat der Kurzbichler dem Interpellanten vorerst einmal eine heruntergehaut und nachher erläuternd beigefügt: »Siehgst, Mandl, so stoark is *aner*, a Siebner. Nochher konnst dir ausrechnen, wie stoark a gonze Kumpagnie is, va die Khevenhüller, verstondn?«

Der Schurl Wimpassinger – Wien-Brigittenau – war, weil er zivilermaßen ein Fiaker war, nach der Rekrutenausbildung in den Stall kommandiert worden. Und weil er sich dort einmal etwas zuschulden kommen ließ, stand er beim Rapport.

»Herr Hauptmann, meld' ghursamst, zum Rappurt befohlen.«

»Sie, Wimpassinger«, leitete derselbe das Gespräch ein, »was ist Ihnen denn eingefallen, mit einem Besenstiel meine Liesl zu traktieren?«

»Weil's ausgfetzt hat, das Viech, meld' ghursamst, Herr Hauptmann.«

»Erstens ist die Liesl kein Viech, Wimpassinger, sondern das Reitpferd Ihres Hauptmanns. Und zweitens ist das Ausfetzen kein Grund, gleich mit einem Besenstiel dreinzuschlagen. Die Liesl ist kitzlig und schlagt beim Putzen destwegen aus. Drauf muß man eben Rücksicht nehmen, dem Tier ein bisserl gut zureden und es schön leicht abreiben mit einem Strohbüschel. Haben S' das noch nicht gelernt?«

»Jawoi, Herr Hauptmann«, bekannte der Wimpassinger.

»Und warum tun Sie 's nachher nicht? Haben S' nicht ein bisserl einen Pferdeverstand, wie man so sagt?«

»Ih hab mih halt g'gifft, Herr Hauptmann, weil das Lua . . ., ih will sagen, weil die Liesl so war.«
»Da schlagt man aber nicht gleich zu«, belehrte ihn der Hauptmann.
»Übrigens, was sind S' denn im Zivil?«
»Fiaker, meld' ghursamst, Herr Hauptmann. Mein' Stand hab ih am Fleischmarkt.«
Der Hauptmann war sichtlich erstaunt.
»Fiaker? Das auch noch. Und prügeln Sie daheim Ihre Pferd auch gleich mit dem Besenstiel, wenn sie irgendwelche Unart zeigen?«
»Nein, Herr Hauptmann«, gestand der Wimpassinger etwas kleinlaut.
»Und beim Kommiß, da lassen S' Ihre Wut aus, was? Das werd ich Ihnen aber austreiben. Dreißig Tage Kasernarrest, damit Sie es sich merken, daß man kaiserliche Rösser nicht mit Stecken prügelt. – Und noch was sag ich Ihnen, Wimpassinger. Für mich sind Sie kein Fiaker mehr, sondern ein ganz gewöhnlicher Cabskutscher. Haben Sie mich verstanden?«
»Jawoi, Herr Hauptmann.«
Als dann die dreißig Tage der Buße um waren, stand der Schurl wieder beim Rapport.
»Herr Hauptmann, ih meld' ghursamst den Vollzug der Strafe. Dreißig Täg Kasernarrest.«
Der Hauptmann meinte versöhnlich: »Gut, Wimpassinger. Hoffentlich hat's was gnutzt und haben Sie aus der Strafe eine Lehre gezogen. Einem Reitpferd und überhaupt allen Pferden gewöhnt man Unarten nicht durch Prügel ab, sondern mit Geduld und Zuspruch.«

»Jawoi, Herr Hauptmann! Aber ...«
Der Wimpassinger hatte noch etwas auf dem Herzen.
»Was aber? Mir scheint, Sie wollen noch etwas sagen.«
»Jawoi, Herr Hauptmann«, begann der Wimpassinger. »Ih bitt' ghursamst, nehmen S' das wieder zurück, was Sie neulich beim Rappurt gsagt ham.«
»Die Straf, die kann ich nicht zurücknehmen, weil sie schon vollzogen und im Strafprotokoll eingetragen ist. Und außerdem war sie verdient.«
»Die Straf, de mein ih net, Herr Hauptmann.«
»Was denn sonst soll ich zurücknehmen?«
Der Wimpassinger drückte herum.
»Den Cabskutscher, meld' ghursamst, Herr Hauptmann, den nehmen S' zruck. Der druckt mih auf meiner Seel, mehr noch als die dreißg Täg. Meld' ghursamst, Herr Hauptmann, ih bin wirklich ein Fiaker und kein Kutscher nicht. Schon gar nicht ein Cabskutscher. Das ist direkt eine Beleidigung für mih.«
»Und meine Liesl, die haben S' nicht beleidigt, Wimpassinger? – Na gut! Hab ich Sie ein bisserl bei der Ehr derwischt? Es zeigt sich aber, daß Sie Ihre Roheit bereuen, und damit soll es nun gut sein. Ein Fiaker prügelt keine Roß, und schon gar nicht ein Wiener Fiaker. Für mich sind Sie also wieder der Schurl Wimpassinger, Fiaker am Fleischmarkt. Und wenn ich einen brauch, einen Fiaker –«
Der Schurl ließ seinen Hauptmann nicht ausreden.
»– dann bin ih da, Herr Hauptmann!«

Immer wieder, solange die »Schweigerin« bestand, ist aus dem friedlichen Soldatenspiel blutiger Ernst geworden,

brach die Stunde der »Bewährung« an. Man sprach vom »Feld der Ehre« und kaschierte damit den blutgetränkten Boden.
Und dennoch wurde niemals ganz wahr, was lateinische Spruchweisheit behauptet: »Inter arma silent musae«, zu deutsch »Unter Waffen schweigen die Musen«. Denn man konnte obgenannter Weisheit tröstlich mildernd anfügen: »Neque vero iocus«, was soviel bedeutet wie »nicht aber der Jux«, der Spaß oder Witz. Denn auch der Jux ist eine Kunst, und auch seiner dürfte sich eine Muse annehmen.
Das können alle mit Fug und Recht behaupten, die an der Front gestanden, und daß dies schon seit Wallenstein so gewesen ist, beweist uns der Dichter mit seinem streitbaren Kapuziner im »Lager«. Weiter wäre zu diesem Thema noch festzustellen, daß irgendein Witz oder Spaß, zur rechten Zeit serviert, zwar nicht gerade schlachtenentscheidend war, doch immerhin oft mehr in sich hatte als Mut, Zagen oder Trübsal.
Gerade so kleine Episoden, Ereignisse und Geschehnisse, zeitgeboren aus der immer wandelbaren Front, waren es, die sich dann zu Anekdoten und Histörchen wandelten und als solche durch die Gräben wanderten, dicht am Feinde mit einem Schmunzeln bedacht, in der Etappe aber im Bewußtsein größerer Sicherheit lauthals belacht. Sie alle zusammen waren dazu angetan, den stählernen Helm mit einem Narrenglöckchen zu schmücken und solcherart dem ernsten Mars ein kleines Lächeln abzuringen.

Den Kernbichler-Steffl von den Neunerjägern hatte es erwischt, nicht gerade sehr arg, aber doch so, daß er zum Verbandsplatz mußte. Da begegnete ihm einer, der beinahe so aussah wie ein Offizier, doch der Kernbichler nahm keine Notiz von ihm. Und das war eine große militärische Sünde. Daher schrie ihn der Fremdling an: »Sie Jäger! Was machen Sie und wohin gehen Sie?«
Der Kernbichler tat etwas ungehalten.
»Zum Verbandsplatz geh ih, wonn Sie 's schon unbedingt wissen wolln. Sö haum mih oan weani aunpletzt, die Itak. Is nit gar gfahlt, wia ma sagt, so oan Tausendguldnschüßl. Holt mih nit auf, daß es bald wieder guat wird. Bleib schean gsund!«
»Ja wie reden Sie denn mit mir?« begehrte jetzt der andere auf.
»Wia sullt ih denn sunst reden?«
»Kennen Sie mich nicht?«
»Na, han dih nouh nia gesehgn«, sagte der Kernbichler. »Bist koan Neunerjager nit?«
»Nein, das bin ich nicht. Aber dein General bin ich!«
Hat der Kernbichler auf das hin aufgeschrien: »General bist! Ja Sakrahütten, bin ih schoan so weit hint?«

Einmal war irgendwo in der Stellung eine Patrouille ins Vorgelände hinaus fällig gewesen. Als man hiezu Freiwillige aufrief, meldete sich auch der Wagner-Poldl von den Dreierschützen. Tapfer stapfte er hinter den anderen her, und als sie eine Weile im Steingewirr herumgewandert waren, mußte der Poldl eines unaufschiebbaren Geschäftes wegen etwas zurückbleiben. Inzwischen waren seine Kameraden weitergezogen, und der Poldl befand sich mutterseelenallein im Niemandsland. Beschäftigt, mit seinen etwas ungelenken Fingern die Toilette in Ordnung zu bringen, hörte er auf einmal ein Geräusch, äugte aufmerksam nach rechts und nach links und sah einen Alpini daherspringen, just als es ihm noch immer nicht gelungen war, seine Hose unter dem Riemen zu arretieren.

Der Poldl meisterte dennoch die Situation. Die eine Hand am Hosenbund, nahm er mit der anderen das Gewehr »fertig« und brüllte: »Halt! – Hände hoch! Alto le mani!«

Der Welsche parierte auf der Stelle.

»So bleibst, bis ih firti bin!« befahl der Poldl. Dann nestelte er an seiner Hose weiter, doch kam er damit nicht zu Ende, denn schon wieder kam einer mit wippender Feder auf spitzem Hütel dahergesprungen.

Wieder benahm sich der Poldl wie vorher und bannte mit seinem Zaubersprüchel auch den zweiten. Und selbes wiederholte sich noch so oft, bis ihrer zehne beisammen waren. Dem Poldl aber war es noch immer nicht gelungen, mit seiner so widerspenstigen Hose fertig zu werden. Er beschloß, auf keinen Fall mehr zuzuwarten, bis noch mehr Alpini daherkämen. Mit der Puschka deutete er in Richtung der österreichischen Stellung und kommandierte dann nur: »Avanti!«

Die seltsame Eskorte setzte sich in Bewegung. Voraus die zehn Alpini mit erhobenen Händen, hintendrein der Poldl, mit der einen Hand noch immer die Hose haltend und in der anderen das Gewehr.

In der Stellung hatte man den sonderbaren Zug schon längst ersehen.

Bald stand der Poldl vor seinem Zugskommandanten und meldete: »Herr Leidenand, ih meld' ghorsamst, zehn Walische gfangt.«
Der freute sich.
»Ja, Poldl, das ist ja großartig! – Aber warum haltest du deine Hose so fest? Ist dir am End was passiert?«
»Ah nix, Herr Leidenand. Ih hab koa Zeit mehr ghabt, meine Hosen aunzream. Haum ma zruck müassen, sist waarns no mehrer worden und ih hätts nachher nit alle derpackt, meine Hosen und die Wallischen dazua.«

Findigkeit muß allen auftretenden Situationen gerecht werden, wenn sie von Nutzen sein soll. Auch wenn es sich nur um einen Hund handelt.
Ein solcher Hund war es, der dem Franz Podbesnik, einem kärntischen Bauern, der auf Kriegszeit Bursch war beim Major Rudolf Ritter von Schlachta, das Leben sauer machte. Es wäre dem Franz ja bei seinem Herrn sonst sehr gut gegangen, wenn der nicht eben einen Hund gehabt hätte, so eine Dackel-Fox-Spitz-Mischung, in die er richtig vernarrt war. Doch war dieser »Schubsl«, wie er ihn nannte, ein richtiger Strolch, der immer irgendwo in, hinter, aber auch vor der Stellung herumgeisterte.
Deshalb hieß es alle Augenblicke: »Franz, wo ist der Schubsl? Sofort gehst ihn suchen!«
Und jedesmal mußte der brave Putz die ganze Stellung abgrasen, um das entlaufene Vieh wieder dingfest zu machen. Dabei geriet er oft auch ins welsche Feuer und hatte seine liebe Not, wieder heil und gesund in der schützenden Deckung zu landen.

Bis ihm die ganze Geschichte einmal zu dumm wurde. Da war beim Train ein Tragtierführer, ein Polack, der gerne Hundefleisch aß. Im Dörfl drunten an der Gail, in dem er sein Quartier hatte, waren schon alle die treuen Vierbeiner der Bauern verspeist, und deshalb leuchteten seine Augen recht begehrlich, als ihn in der Stellung einmal der Podbesnik fragte: »Du, Polack, magst einen Hund?«

»Oh bjitte, sähr gerne ich essen Hundefleisch. Bjitte, nur geben.«

Gleich hatte der Podbesnik den Schubsl am Schlafittchen und brachte ihn daher.

»Aber weißt was«, sagte er noch zu dem Beglückten, »Beinl, Knochen mußt du mir alle wieder bringen. Ich brauch' sie.«

Der Franz hatte was ganz Besonderes vor mit diesen Überresten hündischer Vergangenheit.

Nach einiger Zeit stand an einem Tage, an dem sich die Feldpost wieder einmal etwas reichhaltiger eingestellt hatte, in der Unterkunft des Herrn Major ein artig zusammengerichtetes Feldpostpackerl auf dem Tische. Erwartungsvoll begann der Offizier die Umhüllungen zu lösen.

»Da schau her«, meinte er zu sich selber, »da hat sich die Erna wieder einmal eingstellt. Ist doch ein feiner Kerl, mein Weiberl. Leicht sind wieder Trabukerln drin.«

Der Herr Major hatte die Schachtel geöffnet — und vor ihm lagen, fein säuberlich abgenagt, die sterblichen Überreste des seit Tagen entschwundenen Schubsl. Dabei lag ein Zettel, auf dem geschrieben stand: »Ich bin jetzt endgültig zum Itak desertiert und komm nimmer wieder,

denn die haben mich zum Fressen gern. Letzter Gruß – Schubsi!«
»Also, da hört sich alles auf«, legte der brave Major nun los. »Eine solche Gemeinheit! Na, wenn ich den erwisch, dann gnad ihm Gott! Aufhäng ich ihn, ganz persönlich mit diesen meinen beiden Händen. Franz! Franz!«
Der kam sofort hergelaufen.
»Befehl, Herr Major?«
»Da schau her!« brüllte er und wies auf die Knochen. »Den Schubsl hat wer gfressen. Wer war das? Den laß ich erschießen, wenn ich ihn find!«
»Waß nit, Herr Major, waß wirklih nit, wer so eine Gemeinheit gemacht hat«, meinte der Franz. »Aber ich hab mir immer gedenkt, warum ist er so ein Zigeuner, der Schubsl? Wirst schon einmal an den Unrechten kommen, hab ich mir denkt. Bist ein dummer Hund, hab ich mir denkt. Na, und jetzt is wirklich so kommen, was ich mir hab denkt. Vielleicht finden wir den Gauner, Herr Major.«
Freilich ging diese Hoffnung Franzls niemals in Erfüllung.

Es war noch recht kalt einmal im März, als auf der Tonalestraße ein bärtiger Tiroler Standschütz talzu wanderte.
Man sah ihm die lange Frontzeit an. Verschossen und von Wind und Wetter gebleicht waren Hose und Mantel, die Kappe zerknüllt und der Rucksack fettig und verschwitzt. Dennoch aber blickten helle Äuglein unter dem Kappenschild hervor, und aus dem angebrannten Stinktegel, den der Mann im Munde trug, qualmten lustige Rauchkringel in die kalte Winterluft.
So schritt der Tiroler frisch fürbaß.

Auf einmal surrte hinter ihm ein Auto daher, überholte ihn und blieb dann stehen.
Als der Schütze nachgekommen war, lugten beiderseits Fahrer und Mitfahrer heraus, und im Fond des Wagens fragte jemand: »Mußt auch auf Bozen, Alter?«
»Selle woll«, war die Antwort.
»Nachher steigst zu mir herein! Ist noch Platz im Wagen.«
Voll Freude kroch der Standschütz in den Wagen hinein und nahm gar keinen Anstoß daran, daß er auf dem rückwärtigen Sitz seinen General – Prinz aus hochadligem Hause und Kommandant einer Gebirgsbrigade – erkannte. Der war ein Liebling seiner Soldaten, nahm sich derselben in allem und jedem an, und deshalb erschien dem braven Standschützen die Einladung zum Mitfahren als völlig selbstverständlich.
»Ih dank recht schian, Herr General«, sagte er ganz ungeniert. »Ih kann eh schon niama niacht mehr recht giahn. Meini Füaß san halt schon schiach alt.«
Der General lachte. Er kannte seine Standschützen, auf die immer der beste Verlaß war.
»Setz dich nur schön dazu. Ich hab nur *eine* Decke mit, sonst reicht sie nicht für uns beide. Dann wird dir auch nicht so kalt. Und rauchen darfst auch, Alter!«
Der Standschütz tat wie befohlen und saß in engster Tuchfühlung mit seinem General, der mit ihm ganz gemütlich zu plaudern anfing. Alles mögliche wollte er wissen, von seiner Heimat, von seinen Geschäften, von seinem Besitz und von weiß Gott noch allem.
Bis der hohe Herr mit einem Male fragte: »Was machst denn nachher heut noch in Bozen drunten?«

»Za der Entlausung muaß ih, Herr General«, beichtete der Mann ein wenig verschämt. »Bin auf und auf vull Läus und 's ischt niama zin tuan.«
Wer aber meint, daß daraufhin der General den braven Schützen aus dem Wagen geworfen hätte, ist im Irrtum.

Da war einmal ein Exzellenzherr, der zu den volkstümlichsten und verehrten Generalen, aber auch zu den persönlich tapfersten der »Schweigerin« zählte. Durchlaucht aus ältestem Hochadel und Kommandant einer Division in Südtirol.
Von ihm wird erzählt, daß er einmal anbefohlen habe, daß jeder Mann und in jedem Falle immer und ewig ein Stückchen Brot im Brotsacke haben müsse, so quasi als allereisernste Portion in ganz verzweifelten Fällen, und dieses in stetem Wechsel immer genießbar gehalten werden müsse.
Einmal begegnete besagte Exzellenz einem Jägerbataillon und fischte sich aus der marschierenden Kolonne den Steinriegler heraus.
»Sie dort, Jäger! Ja Sie«, rief er denselben an, »kommen S' einmal her zu mir! Wie heißen S' denn?«
»Jäger Steinriegler, melde gehorsamst, Exzellenz«, meldete dieser stramm, »zweite Kumpagnie, Achterjager.«
»Sie haben sicher kein Brot im Brotsack«, argwöhnte der General.
Da hatte der Angerufene vorerst eine Weile in seinem verschmierten Brotsack herumgefuhrwerkt und dann nach langem Suchen dem Exzellenzherrn ein knapp daumennagelgroßes uraltes, hartes Brotrestl vorgewiesen.

»Ah, sell woll, Durchlaucht, Exzellenz«, sagte er freudestrahlend. »Ih haun schon das Brot, ist ja angschaffen worden, und Befehl ist Befehl.«
Etwas skeptisch meinte der General: »Aber mein Lieber, mit dem Stückl da werden Sie nit weit springen. Ist wohl ein bisserl wenig.«
»Ah ih, ih spring schon«, beruhigte der Jäger den Skeptiker mit den Generalslampassen, »ih iß eh nit gar gern viel Brot. Und waunn ih za den Stückl nouh oa Bröckl Fleisch haun, nacha kimm ih schon aus damit.«

Im Unterstand der siebenten Kompagnie Kaiserjäger, Hauptmann Tschurtschenthaler, brummte der Summer des Feldtelefons.
Der Hauptmann griff zum Hörer.
»Hier Siebente, Hauptmann Tschurtschenthaler.«
Drüben meldete sich der Regimentsschreiber.
»Hier Regimentskommando! Auf Verfügung des Regiments können etliche brave und verdiente Leute für vierzehn Tage plus zwei Reisetage in Urlaub geschickt werden.«
»Etliche, was heißt das?« fragte der an Präzision gewöhnte Hauptmann zurück.
»Von jeder Kompagnie ein Mann.«
»Euch hats wohl«, erboste sich der Kapitän, »warum nicht gleich nur ein halberter?«
»Halberte gibts nicht«, klärte der Schreiber auf.
»O ja«, konterte der Hauptmann, »in der Regimentskanzlei schon.«
»Eigentlich kämen nach genauer Berechnung pro Kompagnie nur null Komma fünfundachtzighundertstel Mann

zur Beurlaubung, wir haben aber aufgerundet«, lobte der Mann am anderen Ende des Drahtes.
»Verdammt großzügig, das muß man sagen, geradezu genial«, frotzelte Hauptmann Tschurtschenthaler. »Na ja, ich werd mich halt bemühen. Ende!«
»Haben S' gehört, Obertimpfler?« wandte er sich an seinen Dienstführenden, der dem Gespräche gefolgt war. »Ein ganzer Mann darf auf Urlaub gehen, nicht mehr und nicht weniger. Aber wer? Alle hätten einen Urlaub nötig und auch verdient.«
»Ich weiß es selber nicht, Herr Hauptmann«, antwortete der und riet: »Am besten gar keinen schicken.«
»Das kann man nicht machen«, sagte der Kompagniekommandant, »einer soll gehen. Wir werden ja sehen. Rufen S' den Haufen zusammen, vielleicht in der Doline.«
Bald stand das Fähnlein beisammen, und der Hauptmann trat vor seine Getreuen hin.
»Leuteln, Urlaub gibts. Wer will einen haben, ganze vierzehn Täg und noch zwei Reisetage dazu?«
Die ganze Kompagnie trat wie ein Mann vor. Auf den Gesichtern der Männer lag schon der Abglanz der Vorfreude. Der Hauptmann aber dämpfte die Hoffnung seiner Männer, mußte sie leider dämpfen.
»Nein, Kinder, so geht das nicht. Es darf nur einer fahren, ein ganzer Mann. Ich kann nichts dafür, das haben die Großkopferten beim Regiment so ausgschnapst. Höherer Befehl also. Ihr wißt's ja eh, was dabei herauskommt. Wer also will fahren?«
Wieder meldeten sich alle. Der Hauptmann rang die Hände.

»Ja, habts mich nicht verstanden? Ich darf nur einen schicken, einen einzigen Mann. Da können also nicht alle fahren. Wer wirklich einen Urlaub dringend braucht, vielleicht aus familiären oder wirtschaftlichen Gründen, der soll vortreten.«

Die ganze Kompagnie war felsenfest davon überzeugt, daß jedermann dringend einen Urlaub brauchte.

Dem Hauptmann Tschurtschenthaler kam eine Idee, vielleicht die rettende Idee.

»Ich seh schon, so kommen wir nicht weiter. Ich sag euch was. Wer der Faulste ist im ganzen Haufen, der darf fahren. – Also, der Faulste soll vortreten!«

Da nahmen alle das Odium der Faulheit auf sich, und wieder traten alle vor. Nein –, einer blieb stehen, und der war der Sepp Hintergrabenecker, ein Bauernknecht von irgendwoher aus dem Zillertal. Der Hauptmann hatte ihn nur nicht gleich bemerkt.

»Ah, da schau her, der Hintergrabenecker ist stehenblieben«, stellte er ganz verwundert fest. »Willst du keinen Urlaub, Sepp? Warum bist nicht vorgetreten?«

»Ah wull«, meinte der, »einen Urlaub könnt ich schon brauchen.«

»Warum bist denn nachher nicht vortreten?« inquirierte der Tschurtschenthaler weiter.

»Meld' ghursamst, Herr Hauptmann, ih war z'faul zan Vurtreten«, klärte ihn der Hintergrabenecker auf.

Womit der Hauptmann Tschurtschenthaler die leidige Urlaubsangelegenheit als erledigt ansehen konnte und den Hintergrabenecker als den Faulheitsolympioniken seiner Kompagnie auf vierzehn Tage ins Zillertal schickte.

Als es noch die Ritterheere gab und die Adjustierung dem einzelnen überlassen wurde, gab es oft Schwierigkeiten mit dem gegenseitigen Erkennen. Oft wußte der brave Kriegsmann nicht, ob es Freund oder Feind war, mit dem er zusammenkam.

Da behalf man sich mit dem Feldgeschrei und verschiedenen farbigen Schärpen.

Die Nachfolger solchen Feldgeschreies waren dann in der »Schweigerin« der Feldruf und zu doppelter Sicherung noch die Losung, die wahrscheinlich später Ersparnisgründen zum Opfer fiel.

Und mit solchem Feldruf geschah so manches.

Da war der Kreuzweger-Toni von den Kaiserjägern.

Einmal, als sie auf *ihrem* Berg, dem Pasubio, in der Stellung lagen, sagte der Oberjäger: »Olsdonn, Mander, paßts fein auf! In der Nocht, wonn ös afn Posten stehts, loßts mir jo niamd passiern, der wos nit den Feldruaf woaß! Wonn enk a dö Stimm bekonnt vürkimmbt, ollemol valongts den Feldruaf. Der Wallische isch oan folscher Kund, wißt's jo eh.«

Diese Belehrung hatte zur Folge, daß der Kreuzweger mitten in der Nacht einen anrief.

»Halt, wer da!«

Aus dem nächtigen Dunkel antwortete eine Stimme.

»Ich bins, der Hauptmann Winter!«

»Jawohl, Herr Hauptmann, ischt schon recht. Aber ih bitt' ghursamst um den Feldruaf.«

Der Mann im Dunkel begehrte auf.

»Feldruf? – Was weiß denn ich? Ich hab ihn vergessen. – Kennst mich ja so. Laß mich weiter!«

Damit war der Hauptmann aber an den Unrechten geraten.
»Ih muaß den Feldruaf haben, bitt' ghursamst, Herr Hauptmann. Der Oberjager hat's gsagt, sunst muaß ih schiaßn.«
»Ich weiß ihn nicht, den Feldruf«, wiederholte der Hauptmann, »das hab ich dir schon gsagt.« Und einlenkend fuhr er weiter: »Schau, Jager, kennst mich nit an der Stimm? Ich bins ja, der Hauptmann Winter.«
»Freilih kenn ih Eahner an der Stimm, Herr Hauptmann«, bestätigte der Posten, »aber den Feldruaf brauch ih, bitt' ghursamst, Herr Hauptmann. Dö Stimm mog bold oaner ham, hat der Oberjager gsagt.«
»Verfluchter Kerl, der Oberjäger!« brummte der Hauptmann in der Finsternis. »Ich weiß ihn aber nicht.«
Nun wurde der Kreuzweger-Toni aber energisch.
»Aften kommandier ih halt ›nieder!‹, bitt' ghursamst, Herr Hauptmann, und liegenbleiben muascht, bis wer kimmt.«
Dem Offizier ging jetzt der Hut hoch, und er schrie dem Jäger entgegen: »Bist narrisch worden, du dreimol vernagelter Jochdolm, du?«
Worauf der Kreuzweger-Toni seinen Schießprügel wieder schulterte und die rechte Hand, die Ehrenbezeigung leistend, den Kolben hinunterglitt.
»Passiert!«
Jetzt war es der Hauptmann, der zu fragen hatte.
»So, jetzt brauchst auf einmal keinen Feldruf mehr, Kreuzweger? Wieso denn nicht?«
»Jo, wissen S', Herr Hauptmann«, meinte der Toni bieder, »ischt holt niacht mehr noat, der Feldruaf, weil ih Eahner

sicher derkennt han. Dö Stimm kann bold oaner ham, aber den dreifach vernagelten Jochdolm, va den wissen nur Sö wos, Herr Hauptmann. Ischt wirklih a so.«

Der Brunegger war nächtens über die Vorpostenlinie hinausgeraten, und als er wieder zurückkam, rief ihn die Vedette an: »Halt, wer da!«
»Ih bins, der Brunegger«, deklarierte sich der Angerufene als Freund.
»Feldruaf!« forderte pflichtgemäß der Posten.
»Fotzen!« schrie der Brunegger.
Daraufhin reagierte die Vedette etwas sauer, denn es war ja stockfinstere Nacht und man konnte wirklich niemanden erkennen.
»Follsch! Nieder!«
»Bist narrisch«, maulte der Brunegger. »Ih bins, kennst mih net? Ih, der Brunegger.«
Der Posten kannte kein Erbarmen.
»Kenn dih net. Nieder, sunst kracht's.«
Also mußte der Brunegger wirklich zu Boden, und als der Feldwachkommandant kam und ihn als den wirklichen und wahrhaften Brunegger agnoszierte, ward er aus seiner peinlichen Lage befreit.
»Is eh der Brunegger«, sagte er zum pflichteifrigen Posten, »warum hast ihm denn ›nieder‹ kommandiert?«
»Weil er den Feldruaf nit gwußt hat«, rechtfertigte sich die Vedette.
»Is net wahr«, protestierte der Brunegger. »Ih han eahm eh gsagt, den Feldruaf.«
»Nix is wahr«, stellte der andere richtig, »›Tetschn‹ hat er

ghoaßn, der Feldruaf, und ›Fotzen‹ hat er gsagt, der Brunegger.«
Nun ja, ein kleiner Unterschied bestand immerhin zwischen der böhmischen Stadt »Tetschen« und einer richtigen steirischen »Fotzen«.

Da nahm es der Infanterist Krautstingl von den steirischen Belgiern mit dem Feldruf nicht so peinlich genau. Der ließ einmal seinen Leutnant völlig unbefragt passieren.
Doch der war mit dieser Milde nicht ganz einverstanden.
»Sie, Krautstingl, warum verlangen Sie nicht den Feldruf, wenn ich von der Feindesseite komme?«
»Feldruaf, Herr Leutnant, den brauch ih bei Eahner net«, entgegnete der Krautstingl. »Ih kenn Eahner ja schoan von der Weiten.«
»Kennen tust mich, jetzt, mitten in der Nacht? Wie denn das?«
»Weil S' gar so guat schmeckn, Herr Leutnant. Schoan von der Weiten riacht ma Eahner.«
Der Herr Leutnant pflegte sich in allen Lebenslagen, auch vor dem Feind, intensiv zu parfümieren.

Auch so manch spaßiges Brieflein ging her zwischen Front und Heimat, stets heiß ersehnt und ungeduldig erwartet, und soll deshalb nicht unerwähnt bleiben.
Da hat der Stiboller einen Brief von daheim bekommen. Und sein Freund, der Brunegger, der aus demselben Dorfe war, fragte ihn:
»Hat dir wer gschriebm, Florl?«
»Ja, mei Alte.«

»Va dahoam?«
»Freilih, va wo denn sunst?«
»Und was schreibt s' nachad, dein Hauskreuz?«
»Waar eh alles in der Urdnung. Ah dir sullt ih was ausrichten.«
»Was denn eppa?«
Der Stiboller zögerte ein wenig.
»Ih woaß nit, wia ih's dir sagen sull.«
Der Brunegger blieb gelassen.
»Werd wohl nit so was Schreckbares sein. Is eppa mei Keuschn abbrennt? Is eh schoan oa wengerl baufälli. Und verassekuriert bin ih ah.«
»Na.«
Der Brunegger wurde ein wenig unruhiger.
»Eppa oa Stückl Viech verreckt? Das waar schon dümmer.«
»Na, nix. Nix is geschehgn.«
Nun wurde der Brunegger leicht ungeduldig.
»Was denn nachad. Sag's schon!«
»Dein Madl, die Mirzl, hat oan Buam kriagt.«
Ganz erlöst meinte der Brunegger auf diese Nachricht hin:
»Na, wann sunst nix is! Sie hat mir eh vur etla dreiviertel Jahr gschriebm, daß ihrer va meiner tramt hat, die Mirzl.«

Manchmal entsprang so einem Kriegerhirn die prägnanteste Formulierung, die weiter keiner Rückfrage mehr bedurfte. So wie der Stanthartinger einmal in einem Briefe nach Hause seiner Barbara seinen Urlaub ankündigte:
»Liebe Barbara! – In vierzehn Täg kimm i hoam auf Urlaub. – Bevor i Grüaß Gott sog, kriagt der Wastl a Watschn. – Dein getreuer Sepp.«

Einmal kam auch ein Brieflein zu einer Kompagnie geflattert, und dieses Schreiben war die Ursache, daß der Sepp Peintinger beinahe um seinen verdienten Urlaub gekommen wäre. Er erschien beim Rapport.
»Herr Hauptmann, ich bitt' gehorsamst um einen Anbauurlaub. Ich bin schon seit zwei Jahren nit mehr auf Urlaub gwesen.«
»Ja, lieber Peintinger, gebühren tät er Ihnen schon, der Urlaub, und ich tät Ihnen einen solchen schon bewilligen, wenn nicht gestern ein Brieferl gekommen wär.«
»Was für ein Briaferl, Herr Hauptmann, bitt' ghorsamst?«
Der Hauptmann wurde inquisitorisch.
»Kennen Sie eine Maria Ummundum?«
Über des Peintingers Bauernantlitz huschte ein Schein schlechten Gewissens.
»Oje!«
Der Hauptmann schnappte sofort auf dieses »Oje« ein.
»Oje, sagen S', Peintinger? Das beweist mir, daß Sie ein schlechtes Gewissen haben. Vor zwei Jahren also haben Sie einen Anbauurlaub ghabt?«
»Jawohl, Herr Hauptmann!«
»Und es hat derselbige Anbauurlaub Folgen gehabt, aber nicht erntemäßig.«
Einigermaßen kleinlaut bestätigte der Mann die Feststellung. »Ih woaß eh, Herr Hauptmann. Die Folgn sind hiatzt krat ein Jahr alt. Is ein Büabl, Herr Hauptmann, die Folgn, und ih hab's noch gar nit gsehgn.«
»Aber Ihre Mirzl ist recht bös und hat ans Kompagniekommando gschriebn, ich soll Ihnen keinen Urlaub mehr geben, damit nicht wieder was passiert.«

Der Peintinger verlegte sich nunmehr aufs Versprechen. »Braucht sih net fürchten, die Mirzl, meld' ghorsamst, Herr Hauptmann. Und waunn eppa wirklih noch was eintreffen sollt, so tuat dös ah nix. Aft heirat ih d' Mirzl afn Urlaub.«
Der Hauptmann war zufrieden.
»Also nachher ist ja alles in der schönsten Ordnung, Peintinger. Drei Wochen Urlaub in Anbetracht der Hochzeit. Aber wehe Ihnen, wenn Sie ledigerweise zurückkommen!«

Der Patritz Kernegger war ein recht Gschamiger. Er hat auf beiden Händen dicke Gipsbandagen gehabt und deshalb nicht selber schreiben können. Weil aber ein Brief nach Hause fällig war, hat ihm die Schwester im Lazarett einen solchen nach seinem Diktat geschrieben.
»Alsdann, Kernegger«, fragte diese, »haben wir jetzt schon alles geschrieben, was Sie Ihrer Frau mitteilen wollten?«
»Ih glaub, es ist alles. – Ah, da fallt mir noch was ein. Schreiben S' bitt schön, ob die Kalben, ob die Kalben ...«
Der Patritz wurde sichtlich verlegen.
»Was ist denn mit der Kalben?« drängte die Schwester.
»Das is ja eben. Ih woaß nit, wia-r-ih sagen sull.«
»Vielleicht, ob sie schon gekalbt hat, die Kalben?« rätselte die junge Schwester.
»Das gang ja nit«, belehrte sie der Patritz. »Wann sie schoan oan Kaibl hätt, aft waar sie ja koan Kalbm nit mehr.«
»Also, was ist denn sonst bei einer Kalben los?«
Dem Patritzl huschte die Schamröte übers biedere Antlitz.
»Dös is ja, Sie sein ja nouh so jung, Schwester.«
Die verfiel ins Staunen.

»Was hat denn Ihre Kalben mit meiner Jugend zu tun?« Schweißüberströmt vom vielen Denken, raffte sich der Kernegger schließlich doch zur quasi Gretchenfrage auf. »Na, alsdann, in Gottsnam. Ih will aber nit schuld sein, daß Sie leicht verdurbm werden, Schwester. Bitt schön, fragen S' nochad meine Frau, ob die Kalbm schoan in die Flitterwochen is.«

Der Infanterist Steinriegler von den Siebenundzwanzigern hatte einmal einen gefangenen Russen zum Regimentskommando zu bringen. Der konnte etwas Deutsch, und es war zu erwarten, daß man von ihm etwas erfahren konnte. Als die beiden schon eine Weile gegangen waren, fragte der Steinriegler:

»Hast Uhra, Rußki?«

»Chab ich, chab ich«, bestätigte der geschäftig.

»Wia spot is, wieviel Uhr is?«

»Is drei Uhra, Kamerad«, gab ihm der Moskal Auskunft. Die beiden wanderten weiter. Es konnte etwa eine Viertelstunde vergangen sein, da fragte der Steinriegler wieder:

»Wia spot is, Rußki?«

»Is drei Uhra, Kamerad.«

Dem Steinriegler kam die Sache nicht ganz richtig vor, er sagte aber nichts dazu. Als sie wieder zehn Minuten marschiert waren und das Regimentskommando noch immer nicht in Sicht kam, fragte er zum dritten Male:

»Wia spot is, Rußki?«

»Drei Uhra, Kamerad.«

Jetzt erst wurde der Steinriegler aufmerksam.

»Bist blöd, Rußki? Dein Uhr is kaputt oder steht.«

Worauf der Russe aus drei Taschen seiner Uniformbluse drei Uhren herauszog und sagte:
»Oh, nix Uhra sein kaputt oder steht. Alle charascho, nur jede geht bißl anders.«

Beim Angriff auf den Lowtschen war auch der Infanterist Obertimpfler dabei. Am Vorabend dieser in der österreichischen Kriegsgeschichte unvergessenen Waffentat meinte er zu seinem Spezi: »Na, der murgige Angriff wird wieder oa Gschicht werden. De Montenegriner werden sih sauber wehren. Ham ja gnua Artillerie droben.«
»Nix wird gschehgn, Burschen«, prophezeite der, »die Artillerie, die montenegrinische, wird net schiaßn, das haßt, schiaßn wird sie schon, aber nix treffn.«
Das ging dem Obertimpfler nicht ein.
»Schiaßn und nix treffn. Ja sein denn die Montenegriner so schwach beinand?«
»Na, dös nit. Aber ös wißts ja eh, daß der König, der Nikola, ein guater Gschäftsmann is. Da hat er mit insern Kaiser einen Vertrag abgschlossen, daß er für jeden Schuß drei Kronen kriagt.«
»Drei Kronen«, raunzte der Obertimpfler, »da ham mirs ja. Umso fleißiger werden s' jetzt schiaßn und umso mehr werden s' treffn.«
»Oan Schmarrn«, trumpfte der Besserwisser auf. »Der König hat insern Kaiser 100 Prozent Fehlschuß garantiert.«

Irgendwo in Rußland, da fragte der Thymian Kurzbichler seinen lieben Freund, den Patritz Zwicklhuber, der mit ihm auf Horchposten stand: »Du, Patritz, wia spot is?«

Der Patritz steckte für einen Augenblick seinen Zeigefinger in den Kopf seiner brennenden Pfeife und meinte dann: »In zwoanzg Minuten wirds viere.«
Der Thymian wunderte sich berechtigtermaßen über diese Auskunft.
»Wiaso woaßt du denn das so genau? Hast ja keine Uhr nit.«
»Is gaunz oanfach«, explizierte ihm der Patritz. »Zwoa Pfeifn rach ih in der Stund. Die erschte haun ih schoan gracht, die zweite is nou halb voll.«

Daß an der Heimatfront aber die Aufschneider und Angeber ihre große Zeit hatten, soll auch nicht vergessen werden. Ist der Schneebacher einmal auf Urlaub gewesen im Heimatdörfl, und beim Bärenwirt am Honoratiorentisch trumpfte er ganz gewaltig auf, daß die Zuhörer vor Ehrfurcht fast erstarrten.
»Alsdann, ghaut ham mir die Rußki, daß sie ganz woach san worden. Völlig aufs Brot hätt ma sie streichen können zu der Jausn. Oanmal sein mir nur fünf Mandl gewest, und mir fünfe haben den Feind umzingelt, daß er nit mehr hat auskemmen miegen.«
Fragte einer von den Zuhörern, wieviel Feinde es eigentlich gewesen seien. Etwa eine Patrouille, ein Zug oder gar eine ganze Kompagnie.
»Na, was glabts«, meinte der Schneebacher, »oaner is gwest.«

Manch besondere Freude in das Frontdasein brachte die Retablierung. Sie galt der leiblichen und seelischen Erholung nach hartem Dienst in der Feuerlinie und machte das ärgste Frontschwein wieder auf eine Zeit hindurch zu einem gesitteten Mitteleuropäer. Und wenn es nicht anders ging, sogar unter Anwendung milden Zwanges.

Da begegnete in der Retablierungsstation der Hauptmann Kronsteiner dem Infanteristen Anawith.

»Sie, kommen S' einmal her, Anawith!«

Der stellte sich in Positur.

»Beföhln der Herr Hauptmann?«

Der gab sich gar nicht sehr freundlich.

»Ja Sie, wie schaun denn Sie aus? Von oben bis unten dreckig und speckig. Die Knöpf fehlen, Bluse und Hose sind zerrissen. Und die Händ und das 'Gsicht genauso dreckig. Jetzt in der Retablierung ist das wohl nicht nötig. Wann haben Sie sich das letzte Mal gewaschen?«

»Vur acht Täg, Herr Hauptmann.«

»Und rasiert?«

»Vur vierzehn Täg, Herr Hauptmann.«

»Wissen S', was Sie sind, Anawith?« resümierte nun der Hauptmann, »ein Schweindl sind Sie. Und wissen Sie auch, was ich mit Ihnen mach, wenn Sie mir noch einmal so unterkommen?«

»Einsperrn tun S' mich, Herr Hauptmann, meld' ghorsamst«, meinte etwas kleinlaut der Anawith.

»Nein, das nicht«, zerstreute der Hauptmann diese Sorge, »aber ich nehme Sie aus Ihrem Zug und steck Sie zu den Köchen in die Küche. So dreckige und schlampige Soldaten kann ich in der Front nicht brauchen. Verstanden?«

Der Zwicklhuber-Patritz wollte mit seinem Spezi, dem Kurzbichler-Thymian, ins Kino gehen, das in einer Retablierungsstation in einem Gailtaler Örtl seine Pforten auftat. Als die beiden hinkamen, stand schon eine Menge von Zivilisten an der Kasse Schlange. Es war fast keine Aussicht mehr, eine Karte zu bekommen.
Meinte der Thymian: »Oje! Hörst, bis mir da eine Karten kriegen, suchen s' uns längst schon als Densentäre.«
Der Patritz aber warf die Flinte nicht ins Korn.
»Wart ein bißl, das werden mir gleih habn. Ih bin gleih wieder da.«
Schon war er verschwunden, blieb aber gar nicht lang weg und kam mit zwei Karten wieder.
»Hörst«, lobte der Thymian, »bist schon einer. Wie hast denn das gmacht?«
»War ganz oanfach. Ih hab mih in meiner Schützengrabenkluft gleih vurn zuwigstellt, mih etla Mal recht kratzt, und weg warn die Zivilisten von der Kassa.«

Der Jäger Schneebacher war auch zu allem gut zu gebrauchen. Da war die Kompagnie grad zu Weihnachten aus der Stellung gezogen worden und lag auf der Straninger Alm in Reserve.
Der Oberleutnant, willens, eine Weihnachtsfeier zu machen, ließ den Schneebacher kommen und sagte zu ihm: »Schneebacher, wir brauchen einen Christbaum für die Kompagnie. Können S' einen besorgen?«
»Freilih kann ih das, meld' ghorsamst, Herr Oberleutnant. Sein ja gnua Bamerl im Wald und ganz bsunders scheane in der Forstbamschul. Ih kann ja dort einen nehmen.«

»Das will ich aber nicht«, wendete der Oberleutnant ein. »So einfach holen. Gehen S' ins Forsthaus und bitten S' den Herrn Oberförster um eine schöne Tanne. Sie sind zwar ein bisserl neidig mit ihren Bäumen, die Grünröck, aber vielleicht lassen s' sich erweichen.«

Als dann der Schneebacher wirklich mit einer prachtvollen Tanne dahergekommen ist, meinte der Oberleutnant: »Na also, hat sich der Herr Oberförster doch herbeigelassen?«

»Der Oberförschtner nit, Herr Oberleutnant«, berichtete der Brave. »Hat mih abgwiesen, der Jager, der verfluachte. Bin zan Forschtmeister gangen.«

»Und der hat dann —?«

»Ah nit gleih, Herr Oberleutnant. Hat oanwal ummagredt va die raren Tannabam und so. Aber wia ih eahm gsagt hab, er sulltet as Maul haltn, sunst kriagt er ah so a Watschn wia der Oberförschtner, nachad hat er mir den Bam gleih geben.«

Er war auf die Jäger nicht sonderlich gut zu sprechen, der Schneebacher. Warum, das wird er wohl selber am besten gewußt haben.

In einer Retablierungsstation im Tirolischen war Inspizierung im Gange. Alles stand in musterhafter Ordnung in Erwartung des hohen Herrn, die Infanterie in Reih und Glied ausgerichtet nach Bauch und Rücken und die Artillerie nach den Kruppen ihrer Pferde.

Nur bei der Maschinengewehrabteilung der Siebener stimmte etwas nicht. Wütend pfauchte der Herr Bataillonskommandant den armen Hauptmann an: »Was ist denn bei Ihnen schon wieder los, Herr Hauptmann Kronabether?

Schauen Sie sich gefälligst das Tragtier an im zweiten Zug! Es steht ja fast eine ganze Pferdelänge aus der Front heraus. Ich bitt' mir aus, daß hier Ordnung wird, der Herr Brigadier kann jeden Augenblick eintreffen.«

Wie es halt öfters bei Viechern vorkommt, hatte sich das Munitionstragtier etwas vorgedrängt und zu tänzeln begonnen. Der Hauptmann gab die Nase an den Tragtierführer, den Seppl Bärnthaler, weiter. »Was ist denn mit dem Viech, Bärnthaler? Tauchen S' es zrück!«

»Schiab zruck, verdammter Krampen!« schrie der das arme Luder an. »Schiab zruck!«

Das renitente Tragtier machte aber gar keine Anstalten, seinem Führer zu gehorchen. Da begann derselbe lauthals zu schreien: »Avanti savoya! – Corraggio! – Avanti, Luader, blöds!«

Der Hauptmann fuhr ihn an: »Ja sind S' denn verrückt gworden, Bärnthaler? Was brüllen S' denn da für einen Unsinn? So was versteht das Pferd ja nicht.«

»Freilich versteht's das Roß, meld' ghorsamst, Herr Hauptmann. Das Luder ist ein italienisches Beutetier und kann kein Wurt deutsch. Is aber hiatzt ganz kammott zruckgangen auf ›avanti‹. Das verstengen sogar die Rösser in Italien.«

DER K·U·K· PFEIFENDECKEL

Wer behauptet, daß es in der alten kaiserlichen Armee eine derartige Rangstufe nicht gegeben hätte, der hat unbedingt recht. Es war dies nur ein Pseudonym für eine andere Bezeichnung, eigentlich ein Künstlername, und letzteres sogar mit Recht. Denn er mußte ein Künstler sein, der k. u. k. Offiziersdiener, wie ihn das Dienstreglement für das k. u. k. Heer in seinem dritten Teile ordnungsgemäß bezeichnete.

Ein Künstler mußte der Pfeifendeckel alias Offiziersdiener sein, der sich in allen Lebenslagen zu Nutz und Frommen seines Herrn zurechtfinden mußte.

Es mag sich wohl mancher schon die Frage vorgelegt haben, wie der Mann, dem solche Würde zu eigen, eigentlich zu dieser absonderlichen Bezeichnung gekommen ist.

Die Wissenschaftler behaupten, sie käme davon, daß der Diener anno Tobak seinem Herrn immer die gestopfte und in Brand gesetzte Pfeife reichen mußte.

Aber auch eine andere Auslegung mag ihre Berechtigung haben. Was ein Pfeifendeckel wirklich ist, das zu wissen kann gemeinhin angenommen werden. Trotzdem sei es näher beschrieben. Es ist dies ein kleines blechernes Deckerl auf allen halbwegs reputierlichen Tabakspfeifen, welches den Zweck hat, das Herausfallen des brennenden Tabaks und damit eine allfällige Brandstiftung zu verhindern. Also ein ganz unscheinbares Ding und doch von besonderer Wichtigkeit.

Vielleicht liegt in diesen beiden hervorstechendsten Eigenschaften eines Pfeifendeckels, der Unscheinbarkeit und der trotzdem vorhandenen Wichtigkeit, die Ursache, daß man besagtem Range solchen Namen zugedacht hat.

Unscheinbar ist so ein Pfeifendeckel in seiner militärischen Einfachheit wirklich gewesen. Kein Sternlein leuchtete auf seinem Kragen, und nur am rechten Unterärmel der Bluse oder des Waffenrockes prangte schüchtern und bescheiden wie ein Veilchen im Wiesengrunde ein dreieckiger Winkel aus roter Borte, der noch dazu in der ganzen Armee mit einem hier nicht wiederzugebenden Namen behaftet war. Hinter dieser erschütternden Schlichtheit verlarvte sich aber die Wichtigkeit, und ist selbe noch unterstrichen gewesen durch die Bestimmungen des Reglements, die wie folgt lauteten:

»Der Offiziersdiener ist dem Offizier zur persönlichen Dienstleistung zugewiesen.

Er soll jederzeit Treue und Anhänglichkeit für seinen Herren betätigen, die ihm zugewiesenen Obliegenheiten pünktlich erfüllen und auch in dieser Verwendung der Pflichten eines Soldaten eingedenk bleiben.«

War damit nur der amtliche Pflichtenkreis umrissen, so kamen noch viele, viele andere Dinge hinzu, die einem guten Offiziersdiener noch außerdem anhaften sollten, wie etwa die Schlauheit, die Findigkeit, die Verschwiegenheit und noch manch anderes. Wenn diese zusätzlichen Eigenschaften in möglichst großem Ausmaße vorhanden waren, so war der Mann, der sie besaß, der Gesuchteste und der Begehrteste in der ganzen Kompagnie. In seiner Tüchtigkeit lag der Ruf des k. u. k. Pfeifendeckels begründet, ein Ruf, den seine Berufskameraden in allen Armeen der ganzen Welt niemals aufzuweisen hatten.

Der Michl war Pfeifendeckel beim Herrn Leutnant Groß, ansonsten ein braver Soldat.

Als dessen Herr eines Tages Oberleutnant geworden war, war er sofort zum Schneider gelaufen und hatte sich die neue Würde gleich auf den Kragen nähen lassen. Nachher wurde das Avancement in der Offiziersmesse ausgiebig gefeiert, so ausgiebig, daß es schon sehr spät war, als der neugebackene Oberleutnant etwas schwankend seine Wohnung aufsuchte.

Der Bursche, den der Schlaf am Tische sitzend übermannt hatte, schreckte schlaftrunken auf, und sein Herr meinte freundlich:

»Ja, Michl, bist noch nicht schlafen gegangen?«

»Nein, Herr Leutnant, ich bin nicht schlafen gegangen, weil ich auf Ihnen gewartet hab. Könnten S' ja vielleicht noch was brauchen, hab ich mir gedacht. Da bin ich halt ein bißl eingnickt am Tisch da.«

Weil der verschlafene Pfeifendeckel gar nichts von der Rangerhöhung seines Herrn zu bemerken schien, fragte der: »Sag einmal, Michl, merkst du nichts an mir?«

Der riß wohl seine Augen ein bisserl mehr auf und beäugte seinen Herrn. Doch war es vielleicht seine Schlaftrunkenheit und das etwas diffuse Licht im Vorzimmer, daß er nichts Besonderes an seinem Herrn wahrnahm. Er meinte nur: »Nichts Bsonders, Herr Leutnant. Ein bißl mehr bsoffen sein S', Herr Leutnant, als sonst und ein bißl sehr schwach auf die Füß. Aber das gibt sich schon wieder, wann wir uns ausgschlafen haben. Morgen is eh Sonntag und haben S' keinen Dienst, Herr Leutnant.«

Der Michl war übrigens ein ganz Gescheiter. Als sein Herr nach seinem Avancement auch noch geheiratet hatte, blieb er in dessen jungem Haushalt weiter als Bursch, und es bemühte sich sein Herr, aus ihm einen englischen Butler zu machen. Vorerst gewöhnte er ihn an gewisse neue Ausdrücke, ohne die ein richtiger Butler kaum auszukommen vermag.

So fragte er den Getreuen, als er abends vom Dienst nach Hause kam und sich im Vorzimmer seines Säbels und des Mantels entledigte: »Na, Michl, was gibts denn heut zum Souper?«

Der rapportierte: »Suppen haben wir heut keine, Herr Oberleutnant, meld' gehorsamst. Die gnädige Frau Oberleutnant hat mich um drei Knackwürst geschickt, und einen Zwiefel hab ich auch bringen müssen. Ich glaub, wir kriegen heut einen Wurstsalat, alle drei.«

Einmal, als ihn die junge Herrin, wie es gebräuchlich war, auf den Markt um Gemüse geschickt hatte und er daheim seine Schätze auspackte, sagte sie tadelnd: »Michl, du hast schon wieder was vergessen, was zu bringen ich dir aufgetragen hab. Wo sind denn die Spargel? Ein halbes Kilo hättest bringen sollen, und die hast wieder vergessen.«

Der Michl wurde ernst.

»Keine Spur nicht, Frau Oberleutnant, melde gehorsamst. Die Spargel hab ich nicht vergessen. Ich hab nur keine gebracht, weil sie der Herr Oberleutnant eh nit mag. Er ißt ja nur die Spitzeln und läßt dreiviertelteil liegen. Ist Verschwendung, Frau Oberleutnant, und wir müssen bißl sparen.«

Der Michl hatte, wie es einem braven und tüchtigen Offiziersdiener zukommt, mitunter recht viel zu tragen, um den Nachschub für die Familie seines Oberleutnants zu bewerkstelligen.
Als er einmal mit je einer Kiste in jeder Hand belastet seinem Herrn begegnete, wollte er ihm wie üblich salutieren und ließ dabei eine Kiste fallen.
»Bist du patschert«, rügte der. »Merk dir, was ich dir schon einmal gesagt hab. Wenn man in beiden Händen etwas tragt, also wie du jetzt die beiden Kisten, dann salutiert man nicht, sondern man leistet die Ehrenbezeigung nur durch die Kopfwendung. Hast endlich kapiert?«
Der Michl bejahte.
Am nächsten Sonntag hatte er Ausgang. Da hatte er sich zwei rundliche Iglauerinnen angelacht, die eine ihres Zeichens eine Köchin und die andere deren Freundin, eine vollbusige Amme. Beide hatte er ganz kavaliersmäßig ausgeführt.
Als nach Tanz und Umtrunk wieder heimgewandert wurde, führte er die beiden Schönen, wohl nur, daß kein Streit entstehe, beidarmig untergehakt nach Hause.
Wie es in solchen Fällen gar oft der Zufall mit sich bringt, begegnete er dabei seinem Herrn.
Der Michl ließ seinen doppelten Schatz nicht los, defilierte an seinem Oberleutnant vorüber und leistete die Ehrenbezeigung durch Kopfwendung.
Als er nachher die beiden Damen deponiert hatte und sich wieder zu Hause einfand, ließ ihn sein Herr kommen und sagte: »Michl, das mit der Ehrenbezeigung wirst du wohl nie lernen. Hast es heute wieder nicht richtig gemacht.

Wenn man mit einem Weibsbild eingehängt geht – eigentlich ist so etwas sowieso verboten, wenn es nicht gerade die eigene Frau ist oder die Braut –, so hat man sich auszuhängen und zu salutieren. Und du bleibst gleich bei zweien eingehängt und machst nur die Kopfwendung. Sei nur froh, daß du mir begegnet bist. Wäre es der Herr Oberst gewesen oder sonst ein anderer Herr, du wärst eingesperrt worden.«

Der gute Michl hörte sich den väterlichen Sermon an und meinte darauf verschmitzt lächelnd: »Melde gehorsamst, Herr Oberleutnant, Sie haben vorige Woche selber gesagt, daß, wenn man auf einmal zwei Kisten in Händen hat oder sonst was, dann braucht man nicht zu salutieren, sondern man muß nur die Kopfwendung machen.«

Dagegen war wirklich nichts einzuwenden.

Mitunter kam es auch vor, daß so ein Diener »seines Herrn« ein wenig aufbegehrte.

Der Vitus Meisenbichler war Offiziersdiener bei seinem Hauptmann, oder besser gesagt, bei der Frau Hauptmann, leibeigen und dienstverpflichtet, was zur Folge hatte, daß er allen Einkaufsgängen zugezogen wurde und gerade zu Weihnachten ganz besonders beansprucht war.

Da ging es zuerst in ein Modegeschäft, und die Frau Hauptmann befahl dem Vitus: »Warten S' da, lieber Vitus, bis ich herauskomm!«

Der »liebe« Vitus stand also wie ein Ehrenposten vor der Geschäftstür, wartete treu und unverdrossen auf seine Herrin und ward dafür mit etlichen Packerln und Paketen reichlich behängt.

Vor der Spielwarenhandlung hieß es wie zuvor: »Warten S' da, Vitus, bis ich wieder komm!«
Wieder kam die hohe Dame nach einer Weile zum Vorschein, und es gesellten sich neue Packerln zu den anderen.
Beim Juwelier wiederholte sich zum dritten Male die Szene.
Dem braven Vitus wurden die Warterei und das Behängtwerden langsam zu dumm, dies umso mehr, als ein paar Kameraden seiner Kompagnie vorbeikamen und ihn in kameradschaftlicher Weise anulkten.
»Na, Vitus«, meinte der erste, »tun wir heute wieder einmal groß einkaufen?«
Und der Schützenhofer grinste und sagte: »Schaust völlig aus wie ein Christbaum voller Sachen. Auf was wartest noch. Weihnachten ist noch ein Eichtl weit weg.«
Der Vitus ging in Saft.
»Brauchts mich gar nicht pflanzen«, pfauchte er, »ih hab eh schon die Nasen voll von dem Einkaufen und der Schlepperei. Aber ih bitt euch, tuts mir den Gefallen und bleibts noch ein bißl da!«
Als dann die Frau Hauptmann wieder mit ein paar Angebinden daherrauschte und sie dem Vitus auflastete, stellte sich der in Positur und meinte gelassen, aber doch energisch: »So, Frau Hauptmann, da haben S' die Packeln, und hiatzt warten Sö auf mih, bis ih mih mit meine Freund ausgredt hab!«

Der Herr Hauptmann Ägydius Pasternek war willens, seine Gattin, die in Karlsbad zur Kur weilte, zu besuchen. Weil er zufolge seines beträchtlichen Embonpoints mit einem Sitzplatz im Autobus nicht das Auslangen fand und doch bequem fahren wollte, trug er seinem Burschen Seppl auf: »Seppl, ich fahr morgen nach Karlsbad mit dem Postauto. Geh ins Reisebüro und besorg mir zwei Sitzplätze.«

Bald war der Seppl mit den zwei Karten da.

Der Herr Hauptmann besah sich die beiden Karten und fuhr dann wütend auf den Seppl los: »Also, Seppl, du bist schon ein Kreuzköpfel! Hab ich dir nicht befohlen, du sollst zwei Karten bringen?«

Der Pfeifendeckel war sehr erstaunt.

»Hab ich eh zwei Karten bracht, Herr Hauptmann!«

»Ja, gebracht hast du zwei Karten, aber eine für vorne und die andere ganz hinten im Wagen. Und da soll ich bequem sitzen?«

»Freilich«, rechtfertigte sich der Seppl, »ich hab ja froh sein müssen, meld' ghorsamst, Herr Hauptmann, daß ich die zwei Karten überhaupt noch kriegt hab. Na, ich muß ja auch nicht grad beim Herrn Hauptmann sitzen, wenn wir nach Karlsbad fahren.«

Eine Perle von einem Offiziersdiener war der Meho, sozusagen ein Superpfeifendeckel. Nichts war ihm gut genug für seinen Hauptmann, besonders in Quartierangelegenheiten.

Da sollte einmal seine Kompagnie aus der Stellung gehen, um irgendwo im Kärntischen zu retablieren. Ehvor rief der Hauptmann seinen getreuen Knappen zu sich.

»Meho«, trug er ihm auf, »du gehst heute mit den Quartiermachern voraus und suchst mir ein anständiges Quartier! Du weißt schon, was ich gerne habe, vor allem Ruhe und ein gutes Bett.«

»Oh, Meho wissen schon, gospod kapetan. Ich schon werde suchen.«

Als dann nach zwei Tagen das Bataillon ins Örtlein einrückte, stand der Brave am Ortseingang, hatte eine Liste in der Hand, auf der etliche Adressen verzeichnet waren, und wartete auf seinen Herrn.

»Na, Meho, hast du was Ordentliches gefunden?«

Der strahlte über das ganze Gesicht.

»Hab ich, gospod kapetan, zehne ich habe aufgeschrieben, zehn Quartiere.«

»Wozu denn zehn«, wunderte sich der Hauptmann, »ich brauch ja nur eines.«

»Soll Herr Hauptmann aussuchen«, meinte der Bosniak, »wenn gefällig ist. Da ist einmal erste. Scheene Haus, gute Bett, aber Hausfrau beesig wie Schlangl. Schaut schon so aus.«

»Ist nichts Besseres?« fragte der Hauptmann.

»Hab ich Numero zwei. Haus nicht sehr scheen, Bett nix gar gut, fast schlecht. Meho kann nicht empfehlen. Frau seer scheen, aber schnattert wie Gans dumme.«

»Das paßt mir auch nicht«, meinte der Kapetan. »Ich will meine Ruhe haben. Vielleicht gibt es doch was Besseres.«

»Gibt es«, entgegnete stolz der Meho, »da, Numero drei. Alles gut. Haus gut, Bett gut, sehr gut. Meho schon geschlafen drinnen.«

»Und die Hausleute?« forschte der Herr.

»Alles in Ordnung. Hausfrau alte Baba, aber gut. Tochter,

eine bißl mehr schon alt, aber eine Tochter jung, piekfein, schaut aus wie Huri in Koran, bogami. Möcht ich für Herrn Hauptmann nehmen, wenn –«

»Was wenn?« argwöhnte der Hauptmann.

»Hat sich Quartiermacher von Herrn Major angeschrieben.«

»Na, dann ist wieder nichts«, resignierte der Hauptmann, »warum bist nicht schneller gewesen?«

Der Bosniak grinste von einem Ohr zum andern.

»Meho schon schnell gewesen und hat Ordnung gemacht. Quartiermacher von Herr Major gerne trinkt Rakija. Meho ihm geben Schnaps, ganze Flasche voll. Dann wir zusammen haben Namen von Herrn Major auslöschen und Namen von Herrn Hauptmann aufgeschrieben.«

»Und der Herr Major?«

»Meho haben gegeben Herrn Major zu Schlangl beesige, soll sich raufen mit ihr!«

Wohl von opferbereiter Anhänglichkeit an seinen Herrn zeugt es, wenn Meho seinem Hauptmann, dem er in der Retablierungsstation einen extra guten Bissen zukommen lassen wollte, trotz schwierigster Nachschubsituation alltäglich zwei weichgekochte Eier präsentierte und, über deren Herkunft befragt, wie folgt Rede und Antwort stand.

»Wo treibst du immer die Eier auf, Meho?«

»Ist dort drüben über Bach kleine Dorf, gospod kapetan. Dort ich Eier kriegen«, rechtfertigte sich der Bursche.

»Du stiehlst doch nicht, Meho?«

»Oh, Meho nicht stehlen«, beteuerte der Brave sichtlich gekränkt.

»Meho alles kaufen und bar zahlen.«
»Kaufen? – Da mußt du mir aber sagen, wieviel du bezahlt hast«, verlangte der Herr. »Ich will dir dann das Geld zurückgeben.«
Der Bursche schüttelte den Kopf.
»Meho nix mit Geld zahlen, gospod kapetan!«
»Ja womit zahlst du denn dann?« fragte erstaunt der Hauptmann.
Da meinte der kleine Kerl ganz verschämt: »Mit Kuß, gospod kapetan, mit Kuß. Für jedes Ei ich geben ein Kuß.«
In sichtlicher Nachfreude über die Güte dieser Währung spitzte der Bosanac seine Lippen. Und der Hauptmann meinte lachend:
»Bist doch ein verfluchter Kerl, Meho. Sind wohl lauter junge Weiber dort drüben überm Bach, was?«
»O nein«, entgegnete Meho, und auf seiner braunen Stirn krümmten sich wieder traurige Dackelfalten, »nicht alle Weiber jung und scheen, oft eine alt und grauslich wie Drachen, brr.«
Den Kleinen schüttelte es sichtlich.
»Aber gospod kapetan gerne jaice essen«, fuhr er weiter fort, »und alte Baba gerne küssen, na und Meho – bissel macht Augen zu.«

Da war der Sulejman, auch ein Offiziersdiener beim Hauptmann Kraus, aber schon ein recht erfahrener und in allen Dingen bewandert.
Einmal betraute ihn sein Herr mit einer Spezialaufgabe.
»Höre, Suljo«, begann er, »heute ist niemand in der

Kompagniekanzlei, weil ich alle Schreiber und die anderen Faulenzer zum Exerzieren befohlen habe. Daher wirst du dich da hereinsetzen und aufpassen, daß niemand sich in der Kanzlei aufhält und vielleicht herumspioniert. Besonders sich nicht an meinem Schreibtisch hinsetzt. Hat niemand etwas zu suchen hier, hast du verstanden?«
»Habe ich verstanden, gospod Hauptmann«, versicherte ihn der gelehrige Bursch. »Ich da sein werde in Kanzelei und werde aufpassen und wenn wer kommen –«
»– dann schmeißt du ihn hinaus«, vollendete der Hauptmann.
»Sicher, ich werde hinausschmeißen!«
Und es begab sich, daß der Herr Hauptmann König von der vierten Kompagnie seinen Kameraden Kraus aufsuchen wollte, um mit ihm etwas zu besprechen. Zufällig aber war der Hauptmann in Zivil und hatte sich nicht die Zeit genommen, sich umzuziehen. Also betrat er als simpler Zivilist die Kanzlei, und als er seinen Kameraden nicht antraf, setzte er sich an den Schreibtisch und wollte ihm eine schriftliche Nachricht hinterlassen.
Da kam der Suljo, der nur für einen Augenblick den Raum verlassen hatte, wieder zur Türe herein.
»Höre, was du machen da«, fuhr er den ihm völlig unbekannten Zivilisten an.
»Du siehst, ich schreibe«, suchte ihn der abzufertigen.
»Ich sehe, daß du schreibest, aber es ist verboten, an Schreibtisch von gospod Hauptmann sitzen. Du sofort gehest, sonst ich dich werde hinausschmeißen«, befahl der Suljo.
»Ti si budala, du bist ja verrückt«, begehrte der Haupt-

mann König nun auf. »Wie kannst du dich unterstehen, einen Offizier hinauszuschmeißen?«

Suljo machte große Augen.

»Ich nicht sehe Offizier, ich nur sehe Zivilist, und Zivilist nichts hat verloren bei Schreibtisch von gospod Hauptmann. Also jetzt marschier!«

»Nicht früher, als bis ich fertig geschrieben habe«, weigerte sich der Hauptmann König.

Das war dem guten Suljo aber doch zu viel. Er, der ein Prachtkerl von einem Bosniaken war, packte kurz entschlossen den hartnäckigen Schreiber beim Genick, hob den sich Wehrenden vom Sessel, trug ihn an die Tür, öffnete diese und stellte den völlig Verdutzten energisch, aber doch behutsam auf den Gang.

»Evo«, sagte er beinahe freundlich. »Schau nur! Geh!«

Daß sich der Hauptmann König nachher bei seinem Kameraden über diesen Hinausschmiß bitter beklagte, war wohl selbstverständlich. Doch der meinte zu seinem getreuen Diener: »Das hast du gut gemacht, Suljo, aber wenn vielleicht der Herr Major kommt oder gar der Herr Oberst, dann darfst du das nicht machen.«

»Auch nicht, wenn gospod Major oder gospod Oberst an Schreibtisch sitzen wollen?« versicherte sich der Gute noch.

Stand dem Offizier vom Leutnant aufwärts ein Offiziersdiener ständig zur Verfügung und war derselbe von jeder anderen militärischen Dienstleistung eigentlich befreit, so gebührte den Kadetten und Fähnrichen ein sogenannter Putzer, im Soldatenjargon »Putzfleck« genannt, der nicht nur seinen Herrn zu bedienen hatte, sondern auch anderwärts militärisch beschäftigt war. Besagter Putzfleck war also eigentlich die Vorstufe zum Pfeifendeckel und avancierte zu solchem, wenn seinem Herrn das Leutnantssternderl auf den Kragen fiel.

Da hatte der Dienstführende bei den Deutschmeistern alle »Herren Offiziersdiener« zum Holzschneiden für die Küche befohlen. Alle kamen, nur der Schurl Lärchenfeldner, ein richtiges Wiener Früchterl, zeigte sich nicht.

Der Herr Feldwebel knöpfte sich den Ignoranten vor.

»Sie, Lärchenfeldner, haben Sie nicht gehört, daß alle Offiziersdiener zum Holzschneiden kommandiert sind?«

»Freilich hab ichs ghört, Herr Feldwebel.«

»Und warum sind Sie nachher nicht gekommen?«

»Weil ich kein Pfeifendeckel nicht bin, meld' gehorsamst, Herr Feldwebel, sondern nur ein Putzfleck beim Herrn Fähnrich Hempelmayer. Also eigentlich nur ein Offiziersdieneraspirant, von denen keine Red war wegen dem Holzschneiden. Wenn der Herr Fähnrich Hempelmayer nachher einmal Leutnant sein wird, avantschier ich auch zum Pfeifendeckel, und dann komm ich auch zum Holzschneiden, wenn's angschaffen wird.«

Eigentlich war der Schurl vollständig im Recht. Der Befehl des Herrn Feldwebel war irgendwie zu wenig exakt gewesen. Er hatte irgendwo ein Hintertürl.

Ein treuer Diener seines Herrn war auch der Huber-Wastl, der bei den kärntischen Khevenhüllern diente, gerade zu der Zeit, als am Isonzo wieder einmal eine wilde Rauferei mit den Welschen im Gange war.

Herr Oberleutnant Reicher lag mit seiner Kompagnie auf

dem Doberdo und dirigierte die Schlacht in seinem Abschnitt.
Weit hinten, bei den Reserven, hatte der Wastl die Menage für sich und seinen Herrn gefaßt, sich die eigene Portion vergnüglich einverleibt und spekulierte nun, wie er auch seinen vorne liegenden Herrn mit einem warmen Mittagessen versorgen könnte.
Der Koch lümmelte auf einer Kochkiste.
»Ih geh vüri«, sagte entschlossen der Wastl.
Der Koch war einer von den Vorsichtigeren, darum hatte er sich schließlich auch den Posten bei der Küche ausgesucht. Ihm war besonderes Heldentum unverständlich, ja sogar zuwider.
»Bist a rechter Tocka, Wastl! Werd jo g'schossn.«
»Is holt so. Is jo Kriag!«
»Kimmst jo gar nit aussi mit der Minasch. Fetzn toan sie mit die Ochtazwoanzger, die Wallischen.«
Der Wastl aber stand von seinem Vorhaben keinen Fingerbreit ab.
»Ih muaß aber, steht jo in Reglaman, daß sih der Bursch um sein Herrn kümmern muaß.«
Entschlossen begab sich der Huber auf den gefährlichen Weg. Die Stellung war etwa tausend Meter weiter vorne.
Einen Augenblick luchste er noch nach den Artillerieeinschlägen, und in den kurzen Feuerpausen, die zwischen den Lagen waren, rannte er, die Menageschale krampfhaft in den Händen haltend, der Stellung zu. Alle Rand mußte sich der Brave niedertun. War dann das höllische Krachen und Bersten für einen Augenblick verstummt, gab es wieder einen ausgiebigen Sprung nach vorne, und dann

zwang die neue Lage den Wastl wieder in die karge Deckung. So ging das Spiel mit dem Tode schon etliche Male hin und her, und dem Wastl standen die hellen Schweißtropfen auf der Stirne. Da barst knapp über ihm ein Schrapnell, eine Füllkugel fuhr vorerst durch den Schalendeckel, durchschlug dann den Boden der Menageschale, und schon sudelte die gute Rindsuppe herunter.

»Höllsakra, Teppen, ös damische Teppen!« fluchte der Bursch. »Wißt's nix G'scheiteres?«

Rasch entschlossen steckte er seinen dicken Zeigefinger durch das schartige Loch und hetzte weiter.

»Is eh neama haß, die Brüah!« vertröstete er sich selber. Noch einen letzten Sprung machte er, und schon war er bei seinem Herrn hinter einem Steinriegel angekommen.

»Herr Oberleidenand, meld' ghursamst ... die Minasch is da!«

Rundherum tobte das infernalische Feuer, und der Oberleutnant Reicher hatte wirklich keine Zeit, sich um den Ankömmling zu kümmern. Der Wastl aber zupfte seinen Herrn am Blusenärmel.

»Herr Oberleidenand – meld' ghursamst, d' Minasch is da. Müassen S' glei essn. Is eh neama goar woarm, und die Wallischen ham mir an Teil verschütt.«

Nun erst drehte sich der Oberleutnant um und bemerkte seinen getreuen Knappen.

»Ja Wastl! Was machst denn du da?«

»D' Minasch hab ih bracht, Herr Oberleidenand. Wern S' eh schon an Hunger ham.«

»Ja Fixlaudon!« begehrte der Offizier jetzt auf, »hab ich dir nicht gsagt, du sollst bei so einem Wirbel hinten bleiben im Vallone. Hätt ja Zeit ghabt, das Essenbringen, bis zum Abend, wenn es die ganze Kompagnie kriegt. Jetzt, mitten im ärgsten Feuer, kommst daher, wo ich so keine Zeit hab zum Essen!«

»Na ja, Herr Oberleidenand«, sagte da der Wastl, »ih hab mir halt gedenkt, Sie habn's nötig, die Minasch, hab ih mir gedenkt. Aufs Essen derf ma glei nia vergessn!«

»Mensch, du kannst mir ja erschossen werden!«

»Wär a kein großer Schadn nit, Herr Oberleidenand«, widersprach bescheiden der Bursch.

»Na ja, vielleicht! Aber was mach ich dann ohne dich, Wastl, wann ich einmal verwundet werd? Wer schaut denn nachher auf mich?«

Da bedachte sich der gute Kerl einen Augenblick.

»Ah jo! – Ah so! – Na, dos hab ih glei goar nit gedenkt, Herr Oberleidenand. Na freilih! – Hiaz werd ih holt mehr auf mih aufpassn müassn!«

Sprachs, übergab dann seinem Herrn die nur mehr halbvolle Schale mit der Weisung, schnell den Finger durch das Füllkugelloch zu stecken, und trollte sich in stetem Auf und Nieder wieder nach rückwärts.

INSPIZIERUNG UND MANÖVER

Die Inspizierung war der krönende Abschluß jeglicher Ausbildung. Ihr voraus ging das Inspizierungsfieber. Dieses war neben der Tachinose – das ist die Kunst, sich vor unangenehmen Dingen zu drücken – wohl eine der häufigsten ärarischen »Krankheiten« in der großen »Schweigerin«. Es trug ausgesprochen epidemischen Charakter, indem es alle jene erfaßte, die in den Reihen der k. u. k. Armee auf irgendeinem mehr oder minder wichtigen Posten standen, also sowohl den einfachen Wuckl als auch den General.

Allerdings nahm die Intensität dieses »Fiebers« mit dem militärischen Range des von der Krankheit Befallenen progressiv zu. Während in den unteren Rängen der militärischen Hierarchie die Wurstigkeit seine Kraft etwas zu mildern vermochte, beeinflußte in den höheren die Furcht vor einer allfälligen schlechten Beurteilung und der damit verbundenen Möglichkeit, sich die Karriere zu verpatzen, den Zustand komplikatorisch.

Dem braven Wuckl und eventuell dem schon etwas gehobenen Gefreiten konnte es ja schließlich ganz egal sein, ob sein Regiment im lustigen Manöverkrieg Siege errang oder ob es beim Paradeexerzieren besonders glänzte. Nicht aber dem Herrn Hauptmann oder dem Herrn Major, ganz besonders aber nicht dem Herrn Oberst, für den in solchem Falle trauerschwarz und düster drohend der Zylinderhut wie eine furchtbare Vision den militärischen Glanz überschattete.

Gleich wie alle anderen ansteckenden Krankheiten hatte das Inspizierungsfieber auch seine Inkubationszeit, die bald länger, bald kürzer währte, je nachdem die Ankündigung eines solchen »hohen Besuches« die Truppe erreichte. Mit diesem Tage begannen sich auch – anfänglich nur langsam, dann aber immer deutlicher – die ersten Anzeichen der Krankheit zu zeigen. In den Ubikationen errichtete der Putzteufel sein furchtbares Regiment. Da wurde gescheuert, gewaschen, gerieben, gefirnißt und gemalt, kurzum, alles auf Hochglanz hergerichtet. Bilder beliebter und auch unbeliebter hoher und höchster Vorgesetzter wurden aus finsteren Depots hervorgeholt, um damit die öden Kasernengänge mehr oder weniger zu schmücken oder zu verunzieren. Darunter befand sich dann auch, wenn erlangbar, ein Konterfei des Erwarteten.

Die Herren Kompagnie-, Schwadrons- und Batteriekommandanten überboten sich in Dingen, die man einfach und treffend als Augenauswischerei – auch eine sehr gerne geübte ärarische Tätigkeit – bezeichnen konnte.

So erhielten zum Beispiel die verschwiegenen Örtchen im Bereiche der Unterkunft als zusätzliche Bereicherung ihrer dürftigen Kommißarmut neckische Papierröllchen, über deren Zweckdienlichkeit sich so mancher einfache Kriegsmann wohl den Kopf zerbrach.

Und auf den Übungsplätzen war erst der Teufel los. Da wurde gebimst und gedrillt, paradiert und Gefecht geübt bis zum Schlagtreffen. Vom »Marscheins« erdröhnte der Boden, und vom Griffeklopfen vibrierte die Luft. Angriff wurde geübt, von rechts und von links, frontal und hinterlistigerweise auch von hinten. Die Verteidiger wanden sich mit allen Finessen aus drohender Umfassung, und was die Zeit anbelangt, wurden die Exerzier- und Scheinkriegsplätze schier zu nächtlichen Rummelplätzen.

In den Mannschafts- und sonstigen Schulen dozierten Fähnrich und Leutnant neben verschiedenen Reglements und Vorschriften auch noch die Biographie des hohen Herrn und übten die gebührende Anrede in Merksätzen und Sprechchören.

Immer höher stieg also die Fieberkurve und trieb zur Krisis, die an dem Tage zum Ausbruch kam, an dem auf dem Kasernenhof das Avertissementsignal ertönte. Dann aber kam es auch zu mancher Überraschung, sowohl für den Inspizierenden als auch für die Inspizierten. Wie üblich begann die Feierlichkeit mit einer Fragestunde.

Einer der berühmtesten »Frager« war der Feldzeugmeister Freiherr von Succovaty, der einmal das Grazer dritte Korps, das sich im Kriege das schmückende Beiwort »eisern« verdiente, kommandierte. Er war mehr gefürchtet als beliebt, und hatte der stets grimmige, mitunter freche, aber trotzdem treffende Soldatenmund seinen Namen auf »Sekkirovaty« verballhornt.

Bei den Siebenundzwanzigern war es einmal, daß er einen biederen Obersteirer fragte: »Hast du in der Schule gelernt, daß es außer den gewöhnlichen Ziffern, den arabischen, auch noch andere gibt?«

Freudig meinte der Angesprochene: »Wohl, wohl, Exzellenz. Hoaßn die römischen.«

»Richtig«, lobte der Herr General und fragte weiter, »und wo findet man diese römischen Ziffern?«

Der Exzellenzherr wollte auf die Taschenuhr hinsteuern, die man bekannterweise auch anstelle des Kompasses brauchen konnte. Doch der biedere Holzknecht aus dem Ennstale wußte eine bessere Verwendung der römischen Ziffern.

»Die römischen Ziffern ... die römischen Ziffern ...«, stotterte er nach einigem Zögern hervor, »dö braucht man auf die Tarockkoartn, Exzellenz.«

Bei den Neunerjägern gab es einmal einen Mann, der mit Verstand nicht übermäßig gesegnet war und solcherart zu den sogenannten geistigen Schrebergärtnern gehörte. Der Kommißsprachgebrauch nannte solche gröber »Schwöllschädl«.

Irgendwo in einem einschichtigen Graben des Alpenlandes war er zu Hause und verbrachte sein Leben, ehvor er Soldat wurde, als Kohlenbrenner. Ein vornehmliches Zeichen seiner mangelhaften Geistigkeit war es, daß er sich halt nichts »dermirken« konnte.

Und weiter trug es sich zu, daß Exzellenz Succovaty einmal die Neunerjäger mit seinem Besuch beehrte. Für solche Besuche hatte sich der etwas pedante Herr drei Fragen zurechtgelegt, die er nach Schema eins an jeden Mann richtete. Sie lauteten: »Wie alt bist du?« – »Wie lange bist du beim Militär?« – »Wen hast du lieber, Gott oder den Kaiser?«

Dementsprechend wurden auch während der Inkubationszeit des schon erwähnten Inspizierungsfiebers die darauf ziemlichen Antworten gedrillt.

Immerhin gab es schon bei der ersten Frage etliche Schwierigkeiten, als so mancher der braven Neuner sein Alter nicht ganz genau wußte.

Die Dienstzeit war fast jedem hinreichend bekannt, da man sich bestimmt jenen Tag gemerkt hatte, an dem man seine zivilistische Freiheit aufgeben mußte.

Und wegen der Liebe zu Gott und dem Kaiser einigte man sich diplomatisch, um es sich mit keinem der Kandidaten zu verderben, auf die lapidare Feststellung: »Alle beide!«

So waren also die Leute nach menschlichem Ermessen bestens auf die üblichen Fragen vorbereitet.

Als nun die Exzellenz zufälligerweise gerade auf den obbenannten Hintergrabler kam, begann sie nach bewußtem Schema auch denselben zu befragen.

»Wie alt bist du?«

Die Wellen des Inspizierungsfiebers schlugen heiß über den Angeredeten zusammen, und seine ohnehin dürftige Geistigkeit war mit einem Schlage vollends verwirrt.

»Zwoa Joahr, Exzellenz.«

Der General stutzte wohl einen Augenblick über diese Antwort, schritt aber angesichts des hochgeistigen Gesichtsausdruckes zur nächsten Frage.

»Wie lang bist beim Militär?«

»Oanazwoanzg Joahr«, meinte der Biedere treuherzig.

Über soviel Dummheit aber erboste sich der hohe Herr und polterte: »Bist du aber ein saudummer Kerl. Ich weiß jetzt wirklich nicht mehr, bist *du* blöd oder ich?«

Eingedenk der eingedrillten Antwortfolge ermannte sich der Arme und sagte prompt: »Olle zwoa, Exzellenz, Herr General!«

Daß so einem fragwütigen hohen Herrn doch, wie man so sagt, auch einmal die Spucke wegbleiben konnte, beweist die folgende Geschichte. Das war, als er gelegentlich größerer Manöver einmal an die Deutschmeister geriet. Die hatten gerade in der ärgsten Sonnenglut über endlos steile und steinige Äcker hinweg die Stellungen des »Feindes« erstürmt und richteten sich zur Abwehr eines zu erwartenden Gegenangriffes ein. Ein Reservist, dem Ansehen nach ein echtes Wiener Früchterl, der aber trotz der durchgemachten Strapazen noch immer fidel und lustig war und seine Witze machte, fiel dem Exzellenzherrn besonders auf. Er redete den Mann an.

»Na, Sie Deutschmeister! Das freut mich, daß Sie trotz der Schinderei noch so lustig und guter Laune sind. Ich bin gewiß, daß Sie stets Ihre Pflicht tun werden und auch im Ernstfalle genauso draufgehen werden wie jetzt, sei es gegen den äußeren oder den inneren Feind. Hab ich recht?«

»Jawoi, Exzellenz«, pflichtete ihm der Edelknabe bei.

Vorsichtshalber fragte der Exzellenzherr noch: »Sie werden wohl wissen, wen ich unter dem äußeren Feind verstanden haben will.«

»Jawoi, Exzellenz, die Katzinger haben S' gmeint, Exzellenz.«

»Sehr gut, mein Sohn«, lobte der General, »und der innere Feind, wer ist denn das?«

Der Strizzi ging geradezu in Saft.

»Darr Behm, darr verfluchte, Exzellenz!«

Da soll allerdings das Gesicht des Exzellenzherrn etwas länglich geworden sein – angesichts der Tatsache, daß seine Wiege irgendwo in Leitomischl stand und seine Stimme das leicht singende Timbre der Libussasöhne nicht verloren hatte.

Ein Dragoner, der aus Wagram gebürtig war, erregte gerade deshalb das Interesse eines Inspizierenden.
»Aus Wagram sind S', Dragoner? Wissen S' vielleicht auch, was sich dort bei Wagram einmal zugetragen hat?«
Der Dragoner, an sich kein Geisteskind und angesichts der Erscheinung des hohen Herrn etwas durcheinander, wußte keine Antwort.
Der hohe Herr wollte etwas nachhelfen.
»Na, denken S' einmal nach! Es ist schon lange her, daß dort jemand Prügel bekommen hat. Wer war das?«
Hilfesuchend blickte der Reitersmann auf seinen Oberleutnant, der leicht gedeckt hinter dem General stand und in der Absicht, dem Verwirrten zu helfen, auf seine eigene Brust deutete, damit anzeigend, daß damals die Österreicher die Geprügelten gewesen seien.
Erlöst seufzte der Dragoner auf. »Prügel kriegt hat der Herr Oberleutnant Baron Walterskirchen, meld' ghorsamst, Herr General.«

Bei den Deutschmeistern kam einst der Herr Hauptmann in die Rekrutenschule und fragte einen Edelknaben: »Kennst mich?«
»Jawoi, Herr Hauptmann.«
»Und weißt auch, wie ich heiß?«, inquirierte der Offizier weiter.
»Jawoi, Herr Hauptmann. Beisser heißen S'.«
Der Hauptmann wollte auch seinen Taufnamen wissen.
»Und einen zweiten Namen hab ich nicht?«
»Jawoi, Herr Hauptmann, ›d' Fannitant‹ heißen S' auch noch.«

»D' Fannitant« war der Spitzname des Herrn Hauptmanns, den man ihm wegen seiner Redseligkeit taxfrei verliehen hatte.

»Zehntausend Mann, die zogen ins Manöver ...« So sang man einmal in einem alten Soldatenlied, und wirklich, jedes Jahr zogen im alten Österreich zehntausend Mann und oft noch viel mehr Soldaten ins Manöver. Sie waren froh, wenn sie nach Wochen und Monaten öden Kasernenhof- und Exerzierplatzdrills endlich in die Freiheit des lustigen Krieges marschieren konnten, wenngleich auch dabei so manche Strapaz auf sich genommen werden mußte. War doch damit so manches lustige Erlebnis verbunden, wohl wert, daß man heute noch davon berichtet.
Am Beginn jeglichen Manövers stand der Marsch. Er begann mit fröhlichem Tuten und Blasen der Regimentskapellen, wenn es zum Tore des Garnisonstädtchens hinausging, und dies war das nötige Stimulans für die ausmarschierenden Truppen. Vor allem für die Infanterie, die man die Königin der Waffen nannte und die sich so gar nicht sehr königlich als Heerwurm, mehr aber als kläglicher Wurm durch den Staub der Landstraße wand und krümmte, während die anderen unköniglichen Waffen wie die Kavallerie, die Artillerie und der Train auf den Rücken ihrer Pferde und auch auf Geschütz und Protze oder allerlei sonstigen Fahrzeugen hockend ins »Vergnügen« ritten oder fuhren.
Da war oft immer eine gewisse Philosophie am Platze, wie selbe dem Infanteristen Hirschmugl von den Siebenundzwanzigern zu eigen war, der sich einmal gegen Ende

eines besonders anstrengenden Marschtages, als sich die meisten seiner Kameraden nur mehr verdrossen fortschleppten und die lustigen Marschlieder schon längst verstummt waren, wie folgt vernehmen ließ: »Alsdann, seids nit so tramhapert, Leut! Seids lustig und schauts mih an! Waunn ih mih so recht an mein Turnister aulahn und mih am G'wehrream a wengerl vürizahr, nachad marschier ih wia a Grenadier!«

Auch für so manchen Stoßseufzer waren Manöver und besonders die Einquartierung die eigentlichen Ursachen. So meinte einmal die Gruberbäuerin zu ihrem Ehegespons: »Ih woaß nit, alleweil, waunn die Manöver sein, legen die Heahna koane Oa und loahnen ba die Fenster va die Mentscherkammern die Loatern umanond.«

Solche Einquartierung brachte dem Soldaten oft ein freundliches Erlebnis, besonders wenn sich mit ihr noch ein unsichtbarer Gast mit ins Haus schlich. Er war auch bewaffnet, quasi auch ein Soldat, doch nur mit Pfeil und Bogen, hatte weder Charge noch Rang und errang trotzdem die schönsten Siege. Sein Name war Amor. Er begleitete den Schurl Hinterberger, gebürtig aus dem zehten Wiener Hieb, einmal sogar ins heilige Land Tirol.
Dort nahm ihn kein Feind gefangen, doch schlug ihn benannter Götterknabe ganz in seinen Bann, so daß er sich in »Imscht bei der Poscht«, wo es altem Spruche gemäß auch die »beschte Koscht« gibt und wo der Stab eines hohen Kommandos einquartiert war, im Einzelgang die Nandl, ihres Zeichens Kellnerin in der Post, eroberte.

Und als er Abschied nahm, gab ihm die Nandl ein frommes Souvenir mit auf den Weg, und zwar ein Breverl, selbstverständlich hochgeweiht, damit ihm im weiteren lustigen Kriege keine Fährnis widerfahre.
»Dös nimscht und trogscht, daß dir nixi nix gschiacht beim Manöver«, sagte sie noch eindringlich, als sie ihm die Gabe überreichte.
Der Schurl war aber recht verlegen und wollte das Präsent gar nicht annehmen.
»We nimmscht es denn nit?« fragte das Maidlein, »werd dir wohl ah nit schaden.«
»Das nit«, entgegnete der Edelknabe, »aber ich bin kein Katholik nit, Nandl. Bin Protestant.«
Worauf ihn die Nandl wie eine Wildkatz anfauchte: »So, oan Lutherischer bischt? Und das sagst mir erscht hietzt, du Saubär, du!«

Einmal wollte sich der Herr Leutnant Endte von den Kaiserjägern gelegentlich einer kurzen Manöverrast ins Gras legen. Der Sepp Obertimpfler, ein Reservist aus dem Zillertal, setzte zu einer Meldung an.
»Meld' ghorschamst, Herr Leutnant, du werscht –«
Der also Angeredete benützte die Gelegenheit zu einer Belehrung.
»Erstens sagt man nicht ›du werscht‹, Obertimpfler.«
Der Brave korrigierte sich sofort.
»Meld' ghorschamst, Herr Leutnant, du wirscht –«
»Und zweitens dürfen Sie ja nicht gleich ›du‹ zu mir sagen, sondern ...«
Auch das begriff der Obertimpfler.

»Meld' ghorschamst, Herr Leutnant, Sie werden –«
Noch etwas paßte dem Offizier nicht an dieser Meldung.
»Und drittens, merken Sie sich, Obertimpfler, daß man eine militärische Anrede immer mit der Charge beginnt. Das sollten Sie als alter Soldat doch schon wissen.«
Während dieser Belehrung hatte sich der Herr Leutnant bereits endgültig im Grase niedergelassen.
Der Obertimpfler hatte seiner Meldung nur mehr eine kleine Feststellung anzufügen und meinte recht gemütlich:
»Herr Leutnant, ich meld' ghorschamst, itzt hascht dich schon reinglegt in den Kuahfladen.«

Aber auch der Herr Kurat blieb vor lustigen Zwischenfällen nicht verschont.
Da war der Kerschbaumer-Seppl, ein strammer Korporal bei den Siebenundzwanzigern und mit der heurigen Manöverbilanz ganz und gar nicht sehr zufrieden.
Er war fast die ganze Manöverzeit hindurch mitsamt dem Manöverstab, zu dem er abkommandiert war, im »Schwarzen Adler«, dem besten Wirtshaus in dem kleinen Märktl im Steirischen, gelegen und hatte inmitten des lustigen Krieges auch privatim eine Festung ernstlich belagert.
Und selbige Festung war des Wirtes mannbares Töchterlein, die blitzsaubere Vroni, die ihm angesichts des bevorstehenden Abschiedes und der bewundernswerten Ausdauer, mit der der Sepp um ihre Gunst geworben hatte, noch eine ganz besondere Freude in Aussicht gestellt hatte.
»Waunn du halt nachher schön brav bist«, hatte ihm das Mädel einmal eröffnet, »und nix Unrechts von mir verlangst, nachher darfst du heut auf d' Nacht zu mein Kam-

merfenster kommen und ein bisserl Heimgart haltn. Sunst aber nix.«

Der Seppl war glücklich, versprach allerhöchste Rücksichtnahme auf Tugend und Ehrbarkeit und erkundigte sich nur noch nach der Lage und dem Zugang zu besagtem Kammerfenster.

»Gleih ober der Kuchl is es«, verriet ihm die Vroni.

»Uijeh«, meinte der Korporal etwas skeptisch, »is koa kamotts Platzl das. Is ja recht lang liacht in der Kuchl und die Leut bleiben lang auf.«

»Wirst's wohl derwartn können, bis alls still is. Und es is ganz guat«, meinte sie noch schelmisch, »wenn du oan Eichtl wartn muaßt. Vergehn die Hitzn, wenn eppa oane da waarn.«

»Und oa Loater«, gestand der Galan, »oa Loater werd ih ah nouh brauchn. Is ja mentisch hoch das Fenster.«

»Muaßt halt oane suachn«, riet die Schöne. »Ih moan, in Schupfn is oani.«

Also wartete der Korporal Kerschbaumer geduldig, bis das Büchsenlicht aus war, die letzten Gäste das Haus verlassen und sich die Kuchelmentscher auch schlafen gelegt hatten.

Im Schupfen hatte er eine handsame Leiter gefunden, selbe herbeigeschleppt und an die Hausmauer gelehnt. Gar fürsorglich hatte er für den Aufstieg in den Himmel, den Mohammed den siebenten nennt, seine derben Bergschuhe mit leichteren Kommodschuhen vertauscht, und so ausgerüstet krabbelte er zu dem Kammerfenster empor, das zu seiner großen Freude weit offen stand und ihn geradezu einzuladen schien.

Voll der Vorfreude meinte er zu sich: »Bist schon ein takts Madl, Vronerl. Ih moan, mir werdn nit gar a so viel zan Reden haum.«
Sachte stieg er über die Fensterbrüstung in das Innere des Zimmers, wo vom Bett her ein recht zünftiges Schnarchen zu hören war.
»Na, dö kanns«, wunderte sich der nächtliche Besucher, »fix Laudon, wie waunn etla Hulzknecht recht oan ästigs Hulz schneiden tätn. Guat schlafts, as Vronerl, völli schad zum Aufwecken. Aber es muaß sein. Oan Busserl, oan gschmeidigs, wird alles leichter machn, daß es nit derschreckt, as Vronerl.«
Den Schnarchtönen folgend pirschte sich der Korporal an das Bett heran, tappte sich an den etwas üppigen Formen, die unter der Decke zu fühlen waren, bis zum Gesicht hinauf und griff – in einen festen Mannsvollbart.
»Höllsakra, was is denn nachher das«, schrie er in seinem Schrecken auf und schnellte etwas zurück. Ein Sessel fiel um. Im Bette setzte sich jemand auf, und ein Lichtstrahl blitzte aus einer Taschenlampe direkt auf den Korporal, der flüchtig werden wollte.
»Halt, stehen bleiben, Korporal!« kommandierte eine energische Stimme. »Was wollen Sie da?«
Der Seppl erstarrte zur Bildsäule.
»Ih bin ... ih hab ... ih hab wollen ...«
Ihm hatte es völlig die Red verschlagen. Außerdem blendete ihn das Licht dermaßen, daß er den Mann nicht erkennen konnte, der sich dahinter verbarg.
»Ah, ich aber weiß es«, grollte der nun finster und drohend. »Wieder so ein sündiger Manöverbock, der auf

Satansschleichwegen daherwandelt, weil ihn die Manöver noch nicht genug müd gmacht haben. Aber diesmal hat ihn der Teufel selber auf den Holzweg geführt. Kennen Sie mich, Korporal?«

Mit diesen Worten drehte der Mann im Bett den Lichtstrahl der Taschenlampe seinem Gesichte zu.

Dem Sepp Kerschbaumer stieg es heiß auf.

»Jawohl, Herr Feldkurat, ich meld' ghorsamst, ih kenn Ihnen.«

Sie kannten ihn auch alle, die Belgier, den bärtigen Kapuziner aus Irdning, der als Reservekurat des 27. Infanterieregiments auch aufgeboten war für den lustigen Manöverkrieg und der in Charakter und Gehaben war wie jener aus dem Heere des Friedländers.

So benutzte auch der nun die Gelegenheit, dem verhinderten Manöversünder ins Gewissen zu reden, und meinte dann am Schlusse seiner Philippika: »Jetzt siehst du, mein Sohn, wie dich der Schutzengel an der Hand genommen und vom Weg der Sünde weggeführt hat, noch rechtzeitig genug, als daß deine schwarze Seele Schaden gelitten hätte. Dank ihm und auch dem Herrgott, daß er dich beim Feldkuraten hat fensterln lassen und nicht bei der Vroni. Abtreten!«

Auf dem Heimmarsche hatte der Korporal Kerschbaumer nun Zeit und Muse, darüber nachzudenken, wie dies alles so hatte kommen können, und er kam nicht heraus aus dem Hin und Her zweier Fragen.

»Hat s' es zu Fleiß gemacht, das Vronerl, oder war's nur ein Zufall?«

Die Wahrheit gewußt hat freilich nur das Vronerl.

DIE BOSANCEN

Es war der Steirer Eduard Wagnes, der als Kapellmeister des zweiten bosnisch-herzegowinischen Regiments in Graz jenen hinreißenden Marsch »Die Bosniaken kommen« komponiert hatte, der dann zum Defiliermarsch aller bosnischen Truppen wurde. Der Marsch, der die Zeitläufe überdauerte und auch heute nie fehlen darf, wenn irgendwo altösterreichische Militärmärsche aufklingen, und der einmal fast ein Avertissementsignal gewesen ist, mit dem die damaligen Zeitgenossen an die Fenster und Türen gerufen wurden, wenn die Bosniaken durch die Straßen ihrer Ganisonstädte marschierten, in ihren hellblauen Uniformen mit den roten Aufschlägen und den etwas sonderbar geschneiderten Hosen mit den zwei kleinen goldglänzenden Knöpfen unterm Knie, dem dunkelroten Fes mit der Kitschanka, der lustig baumelnden Wollquaste, auf dem Kopfe. Es werden derer immer weniger, die sich ihrer erinnern, jener kühnen, martialischen Gestalten mit den hageren, sonnenverbrannten Gesichtern. Männer, an denen so mancher Blick weiblicher Neugierde bewundernd hängen blieb. Soldaten, über denen immer wieder ein Hauch des fernen Orients, ein Klang längst versunkener Janitscharenromantik schwebte und die den Freund militärischer Strammheit und Präzision wirklich entzücken konnten.

Es waren die Bosniaken nicht, wie so manche glauben wollten, etwa Kolonialtruppen, sondern brave und getreue Landeskinder des österreichischen Kaisers, die ihrem allerhöchsten Kriegsherrn genauso mannhaft und getreu dienten wie vielleicht der Älpler, der Böhme oder der Pole und überhaupt die vielen anderen, die einmal in der »Schweigerin« standen.

Und als die alte Armee anno 1918 ihre Fahnen für immer einrollte, trugen die Bosniaken dasselbe Los wie ihre Kampfgefährten aus Innerösterreich und Ungarn. Dies nur noch schwerer und leidvoller gemacht durch den Umstand, daß sie nicht so geschätzt und geehrt blieben in ihrer neuen Heimat, als es vielleicht die Kaiserjäger und die Hesser, die Belgier und die Khevenhüller heute noch bei uns sind. Wer weiß es übrigens, wie lange noch?
Einer kameradschaftlichen Pflicht folgend, treue Waffenbrüder der Vergessenheit zu entreißen, sei hier von ihnen erzählt, aber auch von ihren besonderen Eigenheiten ein wenig berichtet.
Ihrer Heimat – den alten Reichslanden Bosnien und Herzegowina, die unter dieser Bezeichnung wohl nur mehr ganz wenigen Zeitgenossen bekannt sein dürften – hatte der Soldatenwitz die zusätzliche geographische Bezeichnung »jenseits von Save und Seife« gegeben, weil man die wackeren Bosniaken und Herzegovzen verdächtigte, es seien ihnen die Geheimnisse der Reinlichkeit im allgemeinen und die der Seife im besonderen spanische Dörfer geblieben. Indem aber der Seifenverbrauch auch in anderen Ländern eine ganz individuelle Angelegenheit ist, ist eine solche Verallgemeinerung wirklich ungerecht. Man sagte halt so. Schließlich waren die Tschuschen, wie man die drüben mit einem Sammelwort zu nennen pflegte, genauso gute und brave Staatsbürger wie die patentierten Innerösterreicher und mußte jenen der Gebrauch der Seife genauso überlassen und freigestellt bleiben wie diesen.
Nach diesen klärenden Worten sei aber nun der Männer gedacht, die von »drüben« kamen und die mit ihrem Blute

mitgeschrieben haben an der Geschichte der »Schweigerin«, der Soldaten der bosnisch-herzegowinischen Regimenter, der »Bosniaken«, wie sie mit ebensolcher Zärtlichkeit wie Stolz kurz genannt wurden. In denen noch das wilde Janitscharenblut pulste, in deren Herzen sich Mut und Kühnheit paarten und sie zu größtem Heldentum und unbegrenzter Opferbereitschaft befähigten. Soldaten, die treu zu ihren Offizieren standen, vor allem wenn diese es verstanden, ihre schlichten und unverfälschten Seelen durch Liebe, Verständnis und Fürsorge zu gewinnen.
Ziemlich bald nach Beendigung der Okkupation Bosniens und der Herzegowina begann man das Menschenreservoir der neuen Gebiete auch militärisch auszuschöpfen, und es entstanden im Jahre 1885 die ersten vier selbständigen Bataillone bosnisch-herzegowinischer Infanterie. Ihnen folgten 1889 weitere vier, und 1892 waren bereits zwölf Bataillone aufgestellt.
Aus diesen formierte man zwei Jahre später vier Regimenter, denen sich 1903 noch ein bosnisch-herzegowinisches Feldjägerbataillon hinzugesellte. 1918 gab es deren sechs.

In den Chargenschulen der bosnischen Regimenter wurden die künftigen Strategen auch in der deutschen Sprache unterrichtet. Bedeutende Sprachpädagogen und Methodiker aus dem Unteroffiziersstande mühten sich mit allen Kräften und bedienten sich oft ganz besonderer Methoden. So auch der Korporal Ferdinand Blaugrundner, ein wackerer Sohn des Kärntnerlandes, den Gottes Zorn, so meinte er, zu den Bosniaken verschlagen hatte.
Einmal stand die Großschreibung auf dem Tapet.

»Olsdonn, groß gschriebn wird«, begann er seine Erklärungen, »olls, wos ma ongreifn konn. Hörts zua, ihr Hadrawachln. Ih sog jetzt an Sotz: ›Die Kotz sitzt hintan Ofen.‹ – Wiederhol einmol, Meho!«

Gehorsam repetierte der Meho: »Der Gatze sitzt hinter Offen.«

»Na jo, schön wors grod net«, gab sich der Unteroffizier doch zufrieden, »oba vastondn hot ma's. Olsdonn, paßts nua guat auf! ›Die‹ – konnst net ongreifn, werd sunst klan gschriebn, nur weil damit Sotz onfongt, werd es groß gschriebn. ›Kotz‹ – konnst ongreifn, werd groß gschriebn. ›Sitzt‹ – konnst net ongreifn, werd klan gschriebn, ›hintan‹ – aber net, wos ihr glabts – konnst net ongreifn, werd klan gschriebn. ›Ofen‹ – konnst ongreifn, werd groß gschriebn. Vastondn?«

Da meldete sich der Gefreite Ibro Dschinitsch zu Wort.

»Molim – bitte – gospod kapral, wenn sich ›Offen‹ ist heiß, man ihn nicht kann angreifen, wie dann schreiben?«

Zuerst verblüfft über diese Anfrage, dann aber gleich gefaßt, meinte der Blaugrundner: »Nocha, nocha konnst freilich net ongreifn. Nocha – nocha muaßt ›Ofen‹ holt klan schreibn, du tepperter Tschusch!«

Eisern hielten sie in ihren Sippen und Dorfgemeinschaften zusammen, und einsichtsvolle Kommandanten bemühten sich, diesen Zusammenhalt auch in den militärischen Einheiten nach Möglichkeit zu erhalten. Es war dies eine wertvolle Hilfe, die berühmte Kameradschaft bei den bosnischen Regimentern zu fördern und zu erhalten. Kam da so ein Neuer zur Kompagnie, strich er durch den Graben

oder durch die Gassen der Zeltstadt in der Retablierung oder den Quartieren des Kantonnements und suchte nach einem »kumek«, einen Freund oder Bekannten aus der Heimat, so rief ihn sicher einer an: »He du, woher bist du?«
»Aus Gorni Scheher. Sind noch andere bei der Kompagnie aus Gorni Scheher?«
»Ja, sind noch welche. Mußt gehen zum ersten Zug, dort findest du Landsmana.«
Und waren die Landsleute dann gefunden, so ward dort zuerst einmal niedergehockt, ganz so wie vor der Kafanna in Gorni Scheher oder vor der Czarsziija, ein Zigarettl gedreht und vorerst geschwiegen.
Bis einer dann anhob.
»Pa kako si? Wie geht es dir?«
»Pa dobro, gut!«
»Wie noch?« ging die Fragerei weiter. »Was ist Neues in Gorni Scheher? Was machen Kühe und Pferde?«
»Sve u redu, alles in Ordnung. Juri hat junges Stierkalb bekommen und Suleimans Stute hat gefohlt.«
»Und was noch?«
Diese Frage galt den Frauen und den Kindern, denn nach ihnen direkt zu fragen, war für einen Moslem tabu.
»Wie noch? Pa dobro, sind alle gesund, nur alte Fatima ist gestorben.«
Mehr über dieses Kapitel zu reden wäre schon zuviel gewesen.
Da gab es in der alten Armee ein Gedichtchen, mit dem man diese Naturkinder mit harmlosem Spott treffend charakterisierte. Dasselbe lautete wie folgt:

Kommen zwei Bosniaken wo z'samm,
so fangens mit »kako si?« an.
A pa kako si krava i Rind?
A pa kako si Katz und der Hund?
A pa kako si žena i Kind?
Hvala bogu, alle san gsund.
Immer fangens mit »kako si?« an,
das ist dem Bosniaken sein Schan.

Sinngemäß für jene übersetzt, die in der alten Soldatensprache nicht sonderlich bewandert sind, würde das kleine Poem also lauten:

Kommen zwei Bosniaken wo z'samm,
so fangens mit »Wie geht es dir?« an.
Wie geht es der Kuh und dem Rind?
Wie geht es der Katz und dem Hund?
Wie geht es dem Weib und dem Kind?
Gott sei Dank, alle sind gsund.
Immer fangens mit »Wie geht es dir?« an,
das ist dem Bosniaken sein Schan.

Jedenfalls ist die Reihenfolge dessen, nach dem man sich erkundigt, genau festgelegt und deshalb auch bemerkenswert, als zuerst immer die Haustiere kommen und nachher erst Frau und Kind.
So rinnt das Gespräch etwas schläfrig dahin, und man ist hauptsächlich froh und glücklich, wieder in der »društva«, der Gemeinschaft, beisammen zu sein, bei den »kumeks« aus Gorni Scheher. Ist dann einmal ein Brief in die Heimat

fällig, so schreibt einer für alle, und kommt dann eine Antwort drauf, so gilt sie für alle und wird verlesen wie ein Regimentsbefehl.

Wenn sie auch aussahen wie Panduren und furchterregend wie Balkanräuber, so waren sie meist sehr gutmütig. Das hatten die anderen von der diesseitigen Reichshälfte gar bald schon heraußen, und so kam es vor, daß mancher von drüben zum Lückenbüßer wurde für einen andern, der etwas ausgefressen hatte. Es begann solches einmal damit, daß ein Platzvogel in Konjica einen Offiziersdiener stellte, weil derselbe in ganz vorschriftswidriger Adjustierung herumlief.

»Sie, heda!« rief der Vogel den Sünder an, »in was für einem Aufzug laufen denn Sie da herum?«

Der Angerufene, Pepi Schwinzerl mit Namen und den Deutschmeistern zugehörig, riß sich zusammen und machte Manderl.

»Natürlich wieder einer von den Deutschmeistern«, knurrte der Offizier. »Deutschmeister? Welche Kompagnie?«

In Pepi Schwinzerls Hirnkastel blitzte in diesem gefährlichen Augenblick ein großer Gedanke auf.

Er antwortete nur schlicht und einfach: »Nem tudom!«

»Ah, Ungar bist«, korrigierte der Platzvogel seine vorgefaßte Meinung. »Na wart, Zigeuner, dir werd ich schon helfen, damit du das nächste Mal besser auf deine Adjustierung schaust.«

Mit diesen Worten nahm der Major einen Zettel aus seinem Portefeuille, zückte einen Bleistift, kritzelte ein paar Zeilen auf das Papier und befahl nachher: »Da, siehst du

Zettel? – Sofort auf Hauptwache tragen! – Tudok? Hauptwochban!«
Der Pepi meinte verständnisinnig: »Tudom! – Igen! – Hauptwochban!«
»Ist gut, mein Sohn«, stellte der Herr Major befriedigt fest, »dort wird man dich halt ein wenig einsperren.«
Der Pepi Schwinzerl verschwand hinter der nächsten Straßenecke, verdrückte sich in ein Haustor und begann den Zettel in Augenschein zu nehmen. Laut las er sich die Zeilen vor, gleichsam jedes Wort genießend.
»Überbringer dieses ist in Arrest zu setzen und mir morgen beim Platzkommandorapport vorzustellen! – Beisser – Major und Platzkommandant.«
»Ah, da schau her!« lachte der Schwinzerl hellauf. »Das könnt Ihnen so passen, Herr Major! Aber einen Deutschmeister einsperren, das kann man erst, wenn man ihn hat. Noch haben S' ihn aber nicht, Herr Major.«
Da kam gerade ein Soldat des bosnischen Regiments vorbei, und Pepi hatte die zweite gloriose Idee dieses ereignisreichen Tages.
»He, Bosniak, komm her!« rief er seinen Kameraden an. »Hajdi vamo!«
Der Bosanac folgte aufs Wort und stellte sich dem Pfeifendeckel.
»Da schau her«, sagte der und wies auf Beissers Zettel hin. »Schau, Zettel! Du schnell auf Hauptwache tragen, ich hab keine Zeit! Verstehst du? Auf Hauptwache tragen, schnell! Razumjesch?«
»Da, da, razumjem, ja, ich verstehen«, versicherte ihm der andere dienstfreudig. »Zettel na Hauptwache tragen.«

»Bist schon gescheit«, lobte der Schwinzerl, »mußt aber laufen! Brzo – razumjesch.«
»Da, da, ich laufen«, versprach es der andere und setzte sich in Trab.
Der Schwinzerl wollte ihm noch ein Zigarettl geben, doch er war schon weg, der Bosniak. Der Pepi sah ihm nach und meinte noch anerkennend: »Wie der rennt. Der kann's gar nit derwarten, daß er einglocht wird. Tuat mir eigentlih lad, aber kannst nix machen.«
Mit sich selber und seiner Geistesgegenwart sehr zufrieden, trollte sich der Pfeifendeckel wieder heimwärts. Auf der Hauptwache aber warfen sie den ahnungslosen Muselman in den Kerker, und der konnte es sich nicht erklären, warum ihm solche Pein bereitet wurde. Sinnend saß er auf der Pritsche und nahm sein Geschick als Fatum, Kismet, bestimmt von Allah, dem die Sonne tausend und abertausend Jahre scheinen möge.
Am nächsten Tage aber wunderte sich beim Platzkommandorapport der Herr Major Beisser außerordentlich über die Personsumwandlung, die da offenbar wurde.

Daß es aber auch so ein einfältiges Gemüt vermochte, die nötige Geistesgegenwart aufzubringen, das hatte einmal Exzellenz von Bordolo zur Kenntnis nehmen können.
Einst kommandierte der Zugsführer Mehmed Vinkowitsch die Lagerwache beim Defensionslager außerhalb von Sarajevo. Pflichtgemäß belehrte er den Infanteristen Ali Spalajkowitsch, ehvor derselbe als Schnarrposten aufzog, über seine Obliegenheiten.
»Also, wenn General kommt oder Stabsoffizier mit Feld-

binde, du mußt schreien ›Gewehr heraus!‹, so laut du kannst. Hast du verstanden, Ali?«

»Da, da, ich habe verstanden, gospod Zugfira!«

Als dann wirklich ein General daherkam – es war Exzellenz von Bordolo –, tat der Ali seinen Schrei.

»Gewehr heraus!«

Im Nu war die Wache unter das Gewehr getreten, leistete die Ehrenbezeigung, und der Wachkommandant erstattete die vorgeschriebene Meldung.

Zufrieden dankend ließ der General die Wache wieder abtreten und begab sich in das Lager, aus welchem er ungefähr nach einer Stunde wieder auftauchte.

Und jetzt geschah es, daß der gute Ali innerhalb dieser schwachen Stunde ganz vergessen hatte, mit welchem Zauberspruch die Wache wieder unter das Gewehr zu bringen sei. Doch nicht im geringsten davon irritiert, besann er sich darauf, seine Kameraden mit einem anderen Sprüchlein aus dem Wachzimmer zu locken, und brüllte lauthals »etoga opet«, was zu deutsch »er ist schon wieder da« heißt. Nichtsdestotrotz trat die Wache auch auf diesen ganz reglementwidrigen Herausruf an und leistete die Ehrenbezeigung stramm wie vorher.

Auch der Herr General schien damit zufrieden und ging mit leisem Schmunzeln seiner Wege.

Bei den Bosniaken dienten selbstverständlich viele Soldaten islamischen Glaubens. Nachdem die Anhänger Mohammeds gewisse Speisen wie zum Beispiel Schweinefleisch nicht essen durften, mußte gemäß Vorschrift für sie extra gekocht werden.

Einst fragte ein Inspizierender den Hauptmann Raditsch: »Wird für die Mohammedaner gemäß Vorschrift gesondert gekocht, Herr Hauptmann?«
»O ja, Exzellenz«, erwiderte dieser, »gekocht es wird gemeinsam, aber ausgeteilt getrennt streng nach Religionszugehörigkeit. Ist einfacher so.«

Auch etliche Offiziere muselmanischen Glaubens dienten bei den Bosniaken. Zu diesen gehörte auch der Herr Hauptman Efrembeg Kulenowitsch-Babutowitsch der Zweierbosniaken in Banjaluka. Diesen Offizier, einem stolzen Abkömmling jener Agas, die einst ihre Janitscharenhaufen gegen Wien führten, stach einmal der Hafer, als er etwas beabsichtigte, was ihm kraft seiner Religion zustand, aber die Ungläubigen, vor allem seine Vorgesetzten, in nicht geringe Aufregung versetzte. Er wollte nämlich heiraten, an sich keine außergewöhnliche Angelegenheit, aber in Hinsicht darauf, daß er bereits einmal einschlägig »vorbestraft«, also beweibt war, immerhin etwas Besonderes.
Oberstleutnant Spindler von Narentaturm, der erst vor kurzem zu den Zweierbosniaken als Bataillonskommandant transferiert worden war, kam diese Sache äußerst befremdend vor. Daher kam es auch zwischen ihm und seinem Adjutanten zu einem bemerkenswerten Gespräch.
»Da hat der Hauptmann Kulenowitsch«, begann er, »ein Gesuch um Heiratsbewilligung vorgelegt, sagen Sie? Was soll das heißen? Aus der Offiziersliste habe ich entnommen, daß er ja ohnehin schon verheiratet ist. Bigamisten aber dulde ich auf keinen Fall in meinem Bataillon. Das wäre ja noch das Schönere.«

»Darf ich gehorsamst darauf aufmerksam machen«, wendete der Adjutant ein, »daß Hauptmann Kulenowitsch muselmanischen Glaubens ist und –«
»Weiß ich, weiß ich«, unterbrach der Gestrenge seinen getreuen Adlatus, »diese Kümmeltürken dürfen ja mehrere Weiber haben. Doch warum denn, ich frage Sie, lieber Kutscha, warum denn? Ich habe mit einer genug.«
Welcher Stoßseufzer dem braven Adjutanten angesichts verschiedener Mängel an der Frau seines Chefs vollkommen begreiflich war. Doch schien es ihm nötig, seinen Chef darauf aufmerksam zu machen, daß gegen die Absicht des Hauptmanns Kulenowitsch, sich trotz Vorhandenseins einer Gattin noch zum zweiten Male zu verehelichen, nichts zu machen sein werde, wenn sonst alle Prämissen vorhanden wären.
»Herr Oberstleutnant, es gibt keine Vorschrift, die eine zweite Verheiratung eines muselmanischen Offiziers verbietet.«
»Auch das ist mir bekannt. Doch werde ich dem Kulenowitsch seine Absicht zumindestens auszureden versuchen«, meinte der Chef. »Wo kommen wir denn hin, wenn der eine mehr Frauen haben kann und der andere nicht?«
Der Oberleutnant wußte für solchen Fall schon einen Ausweg.
»Da müßte man halt mohammedanisch werden, Herr Oberstleutnant.«
Entsetzt wehrte der Narentaturm ab.
»Bedank mich schön dafür! – Wo ist er denn, der Kulenowitsch?«
»Er wartet in meinem Zimmer«, rapportierte der Adjutant,

»um seine Bitte um Heiratserlaubnis noch mündlich vorzubringen.«
»Also, herein mit ihm!« gebot der Oberstleutnant.
Der doppelte Heiratskandidat wurde hereingebeten.
»Herr Oberstleutnant«, meldete er nach seinem Eintreten, »ich bitte gehorsamst, meine bereits schriftlich eingebrachte Bitte um die Erlaubnis zu zweiter Eheschließung mit Fräulein Chadischa Saliagitsch befürwortet an das Kriegsministerium weiterzuleiten.«
Der Spindler gab sich väterlich.
»Alles recht schön und gut, Kulenowitsch«, begann er. »Ich achte Sie als einen meiner besten Offiziere im Bataillon. Aber ist es denn wirklich notwendig? Wollen Sie denn durchaus ins Unglück rennen? Ich frage Sie, muß das sein? Schauen Sie, lieber Kulenowitsch, ich muß auch mit *einer* Frau auskommen, und bei Gott, ich habe genug mit ihr. Warum wollen denn gerade Sie eine Extrawurst?«
Es war wohl nur die militärische Disziplin, die den Efrembeg Kulenowitsch zurückhielt, gegen die Meinung seines Chefs etwa aufzubegehren, da ja schließlich das Gerede über eine mohammedanische Frau von seiten eines Ungläubigen als Beleidigung empfunden wurde.
»Darf ich gehorsamst feststellen, Herr Oberstleutnant, daß es das Recht, sogar die Pflicht eines gläubigen Moslems ist, mehrere Frauen zu haben. Hat Allah, er möge dafür gepriesen sein, es gestattet, ja sogar geboten.«
»Da war *unser* Herrgott«, meinte der schwer verheiratete Spindler von Narentaturm, »wohl etwas einsichtsvoller mit seinen Geboten. Auch er sei dafür gelobt. – Herr Hauptmann, ich will Ihnen weder das Recht noch die Pflicht

auch nur im geringsten beschneiden, schon gar nicht, wenn es Ihr türkischer Herrgott erlaubt oder sogar befiehlt, wie Sie sagen. In diesem Falle aber bewahrheitet sich der alte Spruch, daß allzuviel auch ungesund ist. Zwei Frauen, ist das nicht doch ein bißl ungesund? Ich mein' halt.«

»Gehorsamst zu melden, hat Allah in seiner Weisheit, die gelobt werde, alles recht gemacht«, verteidigte der Kulenowitsch seinen Koran. »Er sagt, eine Frau, die unterjocht den Mann.«

»Da hat Allah zweifellos recht«, pflichtete ihm sein Vorgesetzter bei. »Aber glauben Sie, Herr Hauptmann, daß dies bei zwei Frauen besser wird? Die halten ja dann doch zusammen.«

Der Kümmeltürke lächelte wissend.

»Mit zweien kann man leben, weil jede schaut, die Bessere zu sein.«

Auch das schien dem Chef plausibel.

»Das kann ich auch verstehen. Ist also ein bisserl so wie ein Konkurrenzkampf dabei, und Konkurrenz ist immer gut.«

»Hat man dann drei«, lizitierte Efrembeg weiter, »so beherrscht man mit einer immer die beiden anderen, sagt Mohammed.«

»Der muß es ja schließlich wissen«, räumte der Herr Oberstleutnant ein. »Mir scheint, Kulenowitsch, wenn Sie noch lange reden, bekehren Sie auch mich noch zu dieser Mischungsrechnung.«

Nun setzte der Muselman noch den Tupfen auf das »I«.

»Und will man wirklich eine lieben ganz in Ruhe, soll man sich nehmen eine Vierte. Ist auch erlaubt.«

Entsetzt wehrte der Oberstleutnant nun ab.

»Großer Gott, die Geschichte wird ja immer verzwickter. Mir wäre so etwas zu strapaziös. Aber nun, Kulenowitsch, in Ihres Gottes Namen und auch in dem des meinigen, tun Sie, was Sie nicht lassen können. Aber das eine sag ich Ihnen, eine zweite Frau erlaub ich Ihnen noch, aber eine dritte oder gar eine vierte, das kommt nicht in Frage. Ich werde also Ihre Bitte befürwortet weiterleiten. Auf Wiedersehen, Herr Hauptmann!«

Mit »gehorsamsten Dank« verabschiedete sich der Hauptmann. Das Gesuch also ging nach Wien zum Kriegsministerium. Dort stand man mangels einer besonderen Vorschrift der ganzen Angelegenheit etwas ratlos gegenüber, zumal ein solcher Fall bisher noch nicht vorgekommen war. Der verflixte Kümmeltürk brachte die zuständigen Referenten völlig durcheinander. Erst nach langwierigen Beratungen und Erwägungen, die unter Zuziehung bedeutender Experten gepflogen wurden, entschloß man sich zu nachfolgender, vorsichtig erklügelter und echt ärarischer Formulierung:

»Dem Hauptmann des bosnisch-herzegowinischen Infanterieregiments Nummer 2, Efrembeg Kulenowitsch-Babutowitsch, wird die erbetene Erlaubnis zu einer zweiten Eheschließung mit Fräulein Chadischa Saliagitsch mit Rücksicht auf die Bestimmungen seines mohammedanischen Glaubensbekenntnisses gewährt. Um aber dieser Sondererlaubnis für alle Fälle jede Präjudiz zu nehmen, weiters um unter den Offizieren anderer Glaubensbekenntnisse keine Begehrlichkeit und bei deren Frauen kein Ärgernis zu erwecken, wird Hauptmann Kulenowitsch mit sofortiger Wirkung nach Plevlje zum dortigen Stationskommando

versetzt und hat den Dienst als Stationsoffizier zu versehen. Hauptmann Kulenowitsch ist sofort in Marsch zu setzen. Bezüglich der sonstigen Heiratsvorschriften – Beschluß der Offiziersversammlung, Stellung der Heiratskaution und so weiter – wird auf die Bestimmungen derselben verwiesen.«
Zum näheren Verständnis der obigen Verfügung sei noch bemerkt, daß zur Zeit, als sich diese Geschichte zutrug, der Sandschak noch österreichisch und Plevlje ein nur von Muselmanen bewohntes Städtchen dieses Vilajets war, in dem ein mehrfach beweibter Offizier weder auffallen noch Ärgernis erregen konnte. Letzteres schon gar nicht, weil die dort garnisonierenden Offiziere christlicher Bekenntnisse meist ledig waren oder ihre Frauen nicht bei sich hatten.

War ein Offizier bei den Bosniaken beliebt, so gehörte er zu ihnen wie zur »družba«, der Sippe.
Da war bei den Zweiern ein junger Fähnrich eingeteilt worden und hatte derselbe bald die Liebe und die Zuneigung seiner Leute erlangt. Sie nannten ihn »Suljo«, obwohl er gar nicht so hieß. Und als er einmal einem seiner Leute sagte, daß er einen anderen Taufnamen hätte, entgegnete ihm derselbe: »To sve jedno – ist alles eins. Ti si naš Suljo – du bist unser Suljo, basta!«

Jenseits von »Save und Seife« gab es auch eine gar fixe Gendarmerie, die zufolge der Einteilung bester und ausgesuchtester Unteroffiziere zu einem wirklichen Elitekorps herangebildet wurde. In diesem Lager war Österreich, denn neben dem deutschblütigen Wachtmeister stand der tsche-

chischer Herkunft und mit dem Postenführer polnischer Zunge dienten Ungar und Kroate.
Die bosnischen Gendarmen – kein Zivilwachkörper, sondern dem Heere zugehörig – waren in der Bevölkerung gleichermaßen geachtet und gefürchtet, regierten nach Befehl und Gesetz, erklärten Krieg an die ewig unruhigen Komitadschi und schlossen wieder Frieden mit ihnen, kurzum, sie waren kleine Herrgötter im Lande und schützten solcherart in ausgleichender Gerechtigkeit Handel und Wandel, Wohlfahrt und Sicherheit ihrer zivilen Schäfchen im Bereiche des Postens.

In Bjelobrdo passierte es einmal dem Wachtmeister Luka Snjaritsch, daß man von ihm die Meldung verlangte, wieviel Analphabeten sich in seinem Postenrayon befänden.
»Verfluchte Kerle«, philosophierte er zuerst über diesen Auftrag. »Was weiß ich, was Analphabet und wo wohnen? – Wer heißt überhaupt Analphabet? Aber weiß ich schon, wen ich werde fragen. Bürgermeister, der muß wissen, und wenn er nicht weiß, steck ich ihn in Arrest, bis er weiß.«
Der Wachtmeister Snjaritsch begab sich also zum Bürgermeister von Bjelobrdo. Der war Achmed Aliaga, seines Zeichens nicht nur Bürgermeister, sondern auch Kafedschja.
»He, Kafedschja«, rief ihn, in die Kafanna eintretend, der Wachtmeister an.
»Salam, gospod Wachtmeister«, begrüßte ihn derselbe untertänig, »willst du haben kava?«
»Kannst du bringen, man redet leichter«, leitete der Wachtmeister seine Amtshandlung ein.
Bald stand der kleine Finschal mit dem duftenden Getränk

auf dem Tische, der Kafedschja hockte sich zu seinem hohen Gast dazu, und die beiden dörflichen Würdenträger aus Bjelobrdo saßen sich vorerst schweigsam gegenüber, wie das der Brauch gebot.

»Magst du Zigarette, Wachtmeister?« unterbrach der Bürgermeister die ruhsame Stille.

»Zigarette? Kannst geben, Kafedschja, man redet leichter!«

Nach solchen Präliminarien, die die Zunge lösen sollten, begann der Wachtmeister: »Achmed, kennst du Analphabet?«

»Wie sagst du?« fragte der Bürgermeister, Zeit gewinnend, zurück.

»Ob du Analphabet kennst«, wiederholte der Wachtmeister.

»Analphabet«, versicherte der Muselman, »nein, kenn ich nicht.«

»Lüg nicht, Achmed«, drohte der Gendarm, »du kennst und willst nur nicht sagen, weil er ist auch so ein Gauner, ein türkischer, wie du!«

»Inschallah, kenn ich wirklich keinen Analphabet«, beteuerte der Ali.

»Wird dein Unglück sein, Achmed«, prophezeite der Wachtmeister, »wenn du nicht kennst. Werde dich müssen einsperren, Achmed, wenn du nicht sagst.«

Der so in die Enge getriebene Kafedschja besann sich ein wenig.

»Warte, Wachtmeister, vielleicht ich ihn doch kenne. Laß mich nachdenken! Wie heißt er?«

»Analphabet«, wiederholte der Gendarm.

Über Alis zerfurchtes Gesicht ging ein Leuchten.

»O wie ist Allah gut! Jetzt weiß ich! Ist der Rebell, der Serb, der Neditsch, der verfluchte, den niemand mag, nicht der Pop, nicht der Wirt und nicht ich. Lebt unter falschem Namen.«
»Und wo ist er?« forschte Snjaritsch weiter.
»Der Analphabet? In der Schule ist er. Ist Lehrer«, rückte der Bürgermeister nun heraus.
»Warum jetzt geht es, Kafedschja«, lobte befriedigt der Wachtmeister. »Hvala bogu. Bist doch gescheiter Kerl!«
Und der Wachtmeister Luka Snjaritsch begab sich schnurstracks zur Schule, griff sich den angstschlotternden Lehrer mitten heraus aus der Klasse und nahm ihn auf den Posten mit. Dort verhörte er ihn nach allen Regeln der Kunst und ließ ihn, weil er vorderhand keine Schuld an ihm finden konnte, nach etlichen Stunden wieder laufen.
Seinem vorgesetzten Kommando aber machte er die folgende Meldung: »Betrifft Analphabet. – In Bjelobrdo ist alles in Ordnung und Bevölkerung mit einer Ausnahme regierungstreu. Nur Anaklet Neditsch« – die lautliche Ähnlichkeit zwischen Analphabet und Anaklet war aber auch verwirrend –, »gebürtig aus Loschnitza, Serbien, prawoslawnen Bekenntnisses, ledig und kinderlos, Lehrer an der hiesigen Schule, ist vielleicht Analphabet und wird vorläufig auf freiem Fuße belassen, weil sonst keine Verdachtsmomente erkennbar. Weitere Verfügung wird erbeten. – Snjaritsch – Wachtmeister.«

Die Likaner waren fuchsschlaue Burschen, besonders dann, wenn es galt, sich bei einem Vorgesetzten, wie man gut wienerisch sagt, »einzuweinberln«.

Der Wachtmeister Niko Ruptschitsch im Fotschaner Zugsbereich war auch ein solcher Schlauer und sonst ein großer Jäger vor dem Herrn. Weil eine Bereisung seines Postens durch den Herrn Zugskommandanten bevorstand, beschloß er insgeheim, seinem Vorgesetzten eine kleine Vorfreude zu bereiten und damit das für eine Inspektion unumgänglich nötige gute Betriebsklima zu schaffen.
Zu diesem Behufe schrieb er zuerst einen Brief an seinen Oberleutnant in Fotscha und berief dann den Hilfsgendarmen Ilija Umbritsch, einen kleinen, mit allen Salben geschmierten Zigeuner, in die Postenkanzlei.
»Ilija«, fragte er zuerst, »siehst du die drei Hasen da?«
»Sehe ich, gospod Wachtmeister«, bestätigte der Zigeuner.
»Dobro«, fuhr der Wachtmeister fort, »du gehest jetzt sofort nach Fotscha. Vorher aber gibst du die drei Hasen in Rucksack, nimmst Brief da und gibst alles Herrn Oberleutnant in Fotscha. Hast du verstanden?«
»Hab ich, gospod Wachtmeister«, versicherte der Mann.
»Also z'bogom«, verabschiedete ihn der Wachtmeister, »und morgen bist du wieder da.«
»Bin ich, gospod Wachtmeister!«
Der Ilija machte sich auf den Weg nach Fotscha, der fast fünf Stunden weit war und mühsam und beschwerlich. Und die feisten drei Hasen im Rucksack, sie drückten durch ihr Gewicht. Bald überkam den Zigeuner der Hunger und damit die Versuchung.
»Verfluchter Weg«, greinte er vor sich hin, »bogami und hungrig bin ich auch, weiß nicht wie. Soll ich einen essen, einen Hasen? Magare, der Herr Oberleutnant wird schon nicht wissen, wieviel sind es, Hasen. Eß ich!«

Also machte Ilija Rast, balgte das Häslein ab, fachte ein Feuerchen an und briet das Tierchen kunstgerecht am Spieß. Als es gar war, nahm er genießerisch seine Mahlzeit zu sich, tat das Übriggebliebene in seine Torba und trabte satt und zufrieden seinem Ziel zu.

Der Herr Oberleutnant nahm das Angebinde seines Wachtmeisters in Empfang, las den Brief und wandte sich mit strenger Miene an den Zigeuner.

»Ilija«, begann er, »in diesem Brief schreibt mir der Wachtmeister Ruptschitsch, daß er mir drei Hasen schickt.«

Der Zigeuner lächelte verbindlich.

»Drei Hasen, Herr Oberleutnant???«

»Es sind aber nur zwei«, konstatierte sachlich der Offizier.

»Zwei Hasen???«

»Ja, zwei Hasen sind da. Im Brief aber steht von drei Hasen.«

»Drei Hasen???«

»Ja, es sind aber nur zwei Hasen, Ilija. Kannst du mir das erklären?« inquirierte der Herr Oberleutnant.

Der Zigeuner blieb stur bei seiner Fragerei. Bis es dem Oberleutnant schließlich doch zu dumm wurde und er den Ilija anblies:

»Wo sind die drei Hasen, Kerl verfluchter?«

Der wußte wieder nur eine Antwort.

»Drei Hasen???«

So ging es also noch eine Weile zwischen dem Offizier und dem Zigeuner hin und her. Drei Hasen? – Zwei Hasen? – Drei Hasen? – Zwei Hasen? – bis der Oberleutnant genug hatte.

»Na wart, Zigeuner, du Gauner! Dir werde ich helfen.

Gleich werde ich Wachtmeister schreiben und ihn fragen, wo der dritte Hase ist.«
Bald hatte der Oberleutnant den Brief verfaßt, selben dem Ilija eingehändigt und ihm befohlen, ihn dem Wachtmeister zu übergeben. Als ihn der Wachtmeister dann gelesen hatte, bekam er einen roten Kopf und brüllte los: »Ilija, verfluchter Kerl, hab ich dir drei Hasen mitgegeben für den Herrn Oberleutnant!«
Da hub derselbe wieder an: »Drei Hasen???«
»Und der Herr Oberleutnant schreibt mir, daß er nur zwei Hasen bekommen hat.«
»Zwei Hasen???«
»Ja, zum Teufel, drei habe ich geschickt, zwei hat er bekommen. Dann hast du einen gefressen!«
Unser Ilija ließ sich durch diese Feststellung nicht aus der Fassung bringen. Mild lächelnd meinte er nur so nebenbei: »Sehen Sie, gospod Wachtmeister, wie klug Sie sind und wie dumm der Herr Oberleutnant. Er hat es nicht verstanden, Sie aber haben gleich gewußt.«

Das dritte Bataillon von Bosnisch Zwei marschierte zu Beginn des ersten Weltkrieges im Verbande der zwölften Gebirgsbrigade aus Banjaluka aus und zog an die Drina. Es mag damals so manchen Offizier die Frage beschäftigt haben, wie sich die Bosnier gegenüber den stammesverwandten Serben verhalten würden und ob nicht das slawische Blut stärker sein werde als beschworene Pflicht. War doch die großserbische Propaganda in Bosnien und der Herzegowina sehr mächtig und dienten in den Reihen der bosnischen Regimenter auch prawoslawne Serben.

Doch schon in den Anfangsgefechten an der Drina, um Loschnitza und Leschnitza an der Kolubara und am Lieg erwies es sich, daß die braven Bosniaken nicht im entferntesten daran dachten, mit den anderen von drüben vielleicht gemeinsame Sache zu machen. Sie waren treu und ihrem Herrn ergeben.

So war es einmal auf dem Monte San Michele, einer heißumkämpften Höhe der blutdurchtränkten Ebene von Doberdo. Die zwölfte Gebirgsbrigade hatte den Feind angegriffen und bis zum Isonzo hinunter geworfen, fast bis nach Redipuglia. Ermattet, eines italienischen Gegenangriffes gewärtig, hockten die Bosniaken vom zweiten Regiment mitsamt ihren schlesischen Waffenkameraden vom Regimente Hundert hinter den armseligen Steinmauern, die dort oben ihre Deckung bildeten, und die italienische Artillerie begann sich einzuschießen.

Da trat aus dem dichten Morgennebel, der über die Stellungen hinzog, die hohe Gestalt eines Offiziers. Es war der damalige Brigadier Felix Prinz zu Schwarzenberg, der wohl zu den tapfersten hohen Offizieren der alten Armee gehörte, einer jener unvergessenen Truppenführer, denen das Wohl der ihnen anvertrauten Soldaten vor allem anderen am Herzen lag. Derselbe hatte seinen Gefechtsstand bei Cotitschi, ganz knapp hinter der Feuerlinie, verlassen, um sich über die neue Lage zu informieren, seinen Leuten Mut zuzusprechen und ihnen auch zu zeigen, daß ihr Brigadier mitten unter ihnen war.

Ohne die ziemlich nahe liegenden Granateinschläge zu beachten, schritt der Oberst die kümmerliche Stellungslinie entlang, sprach dort mit einem Offizier, redete da einen

Mann an, und als er zu den Bosniaken kam, da schnellte mit einem Male ein baumlanger Gefreiter hoch, stürzte sich auf den Obersten, umfing ihn mit beiden Armen und drückte ihn mit sanfter, aber zwingender Gewalt in Dekkung. Allen, die das sahen, verschlug es den Atem. Es schien nach Gewalt, nach einem Attentat. Oder war der Gefreite verrückt geworden?
Doch der brave Mehmed Spalaikowitsch, zivilermaßen ein Hamal, ein Lastträger aus Banjaluka, sagte, gleichermaßen um Entschuldigung bittend und doch ein wenig rügend: »Bogami, du mußt vergeben, Herr. Aber du nicht müssen so dastehen wie Scheibe auf Schießplatz und nicht hören Tschinbum. Wenn sie dich treffen, wir nicht mehr haben Brigadier, so gute.«

Seit dem Kampf auf dem San Michele waren die Bosniaken die gefürchtetsten Gegner der Italiener geworden. Überall, wo die »Coloniali«, wie sie von den Italienern genannt wurden, auftauchten, erschütterten sie die Fronten der Welschen. Man nutzte dies sogar aus, indem man an besonders schwachen Punkten der Südwestfront auch andere Truppen mit dem Bosniakenfes »behauptete«, und war dann fast sicher, daß dort kein feindlicher Angriff erfolgen werde. Denn es waren die Männer aus Bosnien harte und verwegene Burschen, hart bis zur Grausamkeit, einer Grausamkeit, die man erst verstehen konnte, wenn man die Geschichte dieser wilden Halbinsel kannte und betrachtete, eine Geschichte voll Kampf und Tod, mitunter auch voll Hinterlist und Tücke und gar oft den unmenschlichen Gesetzen der Blutrache verhaftet.

Da lag in einem Budapester Spital ein tapferer Bosanac vom dritten Regiment verwundet darnieder.
Etliche Tage nach seiner Einlieferung begann sich im Krankenzimmer ein übler Geruch zu verbreiten, ein Geruch von Fäulnis und Verwesung.
Als man der Ursache nachging, entdeckte man als die Quelle dieser Penetranz den Brotsack des Bosniers, den er zu seinen Häupten aufgehängt hatte.
Ein Versuch, den Bosniaken zur Herausgabe dieses Brotsackes zu veranlassen, scheiterte an der drohenden Haltung, welche dieser zeigte.
Der Autor dieses Büchleins, der kroatischen Sprache mächtig, wurde gerufen.
»Mujo«, begann ich vorsichtig und auf Überraschungen gefaßt, »was hast du da in deinem Brotsack, daß es so entsetzlich stinkt? Hast du Fleisch darin, das schon verdorben ist? Gib es her, daß wir es wegwerfen!«
Der Mann setzte sich auf.
»Jok!« widersprach er, und in seinen Augen stand unverhüllt die Drohung des Widerstandes, »nicht um mein Leben ich gebe Brotsack her. Bogami.«
»Dann werde ich ihn mir selber nehmen, Mujo, deinen Brotsack«, versuchte ich ihn einzuschüchtern.
Bei dieser Drohung stieg die Erregung des Mannes augenblicklich ins Unermeßliche, und mit einem Male hatte er ein blankes Bajonett in Händen, das er unter der Decke bereitgehalten hatte. Seine Haltung war ganz unmißverständlich. Jedes Gefühl für Subordination hatte ihn verlassen.
»Ich jeden niedersteche, der Brotsack angreift!«

»Auch mich?« fragte ich ihn. Ich wußte, daß er mir zugetan war, weil ich mich schon öfter mit ihm über seine Heimat unterhalten hatte.
»Auch dich, Herr!«
Ich erkannte, daß er es damit völlig ernst meinte. Man mußte also einen anderen Weg suchen, um an den Brotsack heranzukommen, und man fand auch einen solchen, als man ihm am nächsten Morgen zu den üblichen Arzneien auch eine einschläfernde Droge verabreichte, die ihn in einen tiefen Schlaf versetzte.
Als man dann den Brotsack öffnete, fand man als die Quelle des penetranten Fäulnisgeruches zwei abgeschnittene menschliche Ohren und einen Nasenknorpel, die allesamt bereits in Verwesung übergegangen waren.
Aus seinem Schlaf wieder erwacht, fielen Mujos Blicke sofort wieder auf die Stelle, wo der Brotsack hängen mußte, und als er denselben nicht vorfand, begann er so zu toben und zu brüllen, daß man ihm die bereits vorsorglich vorbereitete Zwangsjacke anlegen mußte. Erst nach etlichen Stunden mochten ihm eine Beruhigungsspritze und mein freundlicher Zuspruch wieder zur Ruhe und zur Vernunft zu verhelfen.
»Mujo«, fragte ich behutsam, »was ist es mit den Ohren und der abgeschnittenen Nase in deinem Brotsack?«
»Verflucht seid ihr Schwaba«, begehrte er noch einmal auf, »weil ihr mir es habt gestohlen. Auf der Jagodnja habe ich sie einem Serben abgeschnitten, und sie gehören Ali, meinem Vater. Ich ihm habe versprochen, daß ich ihm zwei Ohren mitbringe und eine Nase, serbische, weil er kleine Rechnung hat mit Serben. Haben seinen Bruder er-

schossen, die Hunde, den Ibrahim. Und jetzt ich nicht kann mein Versprechen halten, weil ihr sie habt gestohlen. Ich will sie wieder haben.«

Erst allmählich konnte ich dem Rächer seines Vaters begreiflich machen, daß man so etwas doch nicht tun könne und daß der Vater sicher auch damit zufrieden sein werde, wenn er erfahren würde, daß sein Mujo tapfer gegen die Serben gekämpft und vom Kaiser deshalb sogar eine silberne Medaille erhalten habe. Die sei wohl viel mehr wert als die schmutzigen Ohren eines Serben.

Ergeben meinte er schließlich: »Inschallah! Wird wohl gut sein, wenn Allah es will!«

Ja, sie konnten barbarisch sein, die Bosniaken, wenn es in den Kampf ging, und es sind keine Märchen, wenn erzählt wird, sie hätten auf Plava, auf der Meletta oder wo sie sonst überall fochten, gar oft die Waffen weggeworfen und seien mit bloßen Händen auf den Feind gestürzt . . .

Und doch ließ manches Geschehnis tief in die Seele dieser harten Männer blicken, und es ward dem, der darin zu lesen wußte, beglückende Erkenntnis wahren Menschentums.

In den Karpaten war es. Die harte Zeit des Winters war fast vorbei, und ein süßes Frühlingsahnen lag über den bereits aper werdenden Hängen dieses Berglandes.

Aus dem Drahthindernis vor den Stellungen der Bosniaken klang erster, scheuer Amselruf.

Kam der Avdo Kapetanowitsch, ein strammer Korporal, beheimatet in Jajce, zu seinem Oberleutnant in den Unterstand.

»Gospod Oberleutnant, ich melde gehorsamst, in Drahthindernis hat ein ›kos‹ – ein Amsel – Nest und brütet.«
»So, und was soll ich mit der Amsel, Avdo?« verwunderte sich der Offizier über diese Meldung.
»Melde gehorsamst, gospod Oberleutnant, ich möchte Nest holen aus Draht und wegtragen, weil gehört nicht dorthin, der unschuldige Vogel. Überhaupt gehört nicht in Krieg.«
Der Oberleutnant meinte: »Das ist aber gefährlich, Avdo. Der Russe liegt ganz nahe, und drüben sind Scharfschützen. Die nehmen jeden aufs Korn, der sich nur ein wenig zeigt.«
»Oh, das mir nichts macht«, wandte der Bosanac ein, »weiß ich schon ganz genau den Platz, wo hat der kos sein Nest, und wenn ist Nacht, ich hole es weg, sonst wird erschossen, der kos. Ich bitte um Erlaubnis.«
Schweren Herzens, doch aber gerührt von der Tierliebe dieses harten Naturkindes, erlaubte der Oberleutnant die Extratour.
»Also, in Gottes Namen, Avdo«, sagte er, »aber geh erst, wenn es ganz finster ist!«
Es stieg also der brave Avdo um die Zeit, als das Büchsenlicht schon völlig geschwunden war, beim Horchposten vier aus dem Graben, schlüpfte in das Hindernis bis zu jener Stelle hin, an der er das Nest wußte, und als er darnach griff, stiegen drüben drei weiße Leuchtkugeln in den Himmel und eine grausame Fülle von Licht ergoß sich über das Drahtgewirr, in dem der Korporal wie eine Scheibe lag. Etliche Schüsse bellten auf, kurz und scharf. Als es wieder dunkel geworden war und ruhig über der aufgescheuchten Front und dann etliche Kameraden ins Hindernis einstiegen, fanden sie den Avdo Kapetanowitsch kalt

und starr im zerfetzten Drahtgewirr liegen. In seinen Händen hielt er ein Amselnest mit zwei kleinen Eierlein.

Zum Beschlusse sei noch eine recht traurige Geschichte erzählt.

Auf der Bukwa, dem Bergrücken zwischen der Jagodnja und der Postruga planina, erkämpfte sich der Serbe Gjokomir Glogovac, damals Oberleutnant und Kommandant der Maschinengewehrabteilung des dritten Bataillons von Bosnisch Zwei, die höchste Auszeichnung, die ein kaiserlicher Offizier erringen konnte, das Ritterkreuz des Theresienordens, nicht nur zu seiner Ehre, sondern auch zur Ehre aller bosnisch-herzegowinischen Soldaten.

Mit einem einzigen Maschinengewehr — das zweite hatte Ladehemmung — und einer Handvoll entschlossener Männer dezimierte er drei Bataillone der serbischen Moravadivision, die zur Eroberung der Bukwa angesetzt waren und den Durchbruch an die Drina erkämpfen sollten.

Nachher kämpfte Glogovac, dem später das unerbittliche Schicksal altösterreichischer Offiziere zuteil wurde, noch als Hauptmann in Italien und Albanien, erwarb zu seiner hohen Auszeichnung noch den Kronenorden und andere Zeichen der Tapferkeit, und als die Monarchie auseinanderbrach, folgte er dem Rufe seiner Heimat. In des Karageorgs Heere diente er nachher, wohl nur geduldet, weil man seine Tapferkeit und seine so hohe Auszeichnung doch nicht ganz ignorieren konnte.

Man hatte es aber auch nicht ganz vergessen, was er auf der Bukwa seinen Landsleuten angetan hatte.

Einmal war es im Sommer, daß jugoslawische Truppen

irgendwo an der Morava manövrierten, und die Kompagnie des Hauptmanns Glogovac marschierte in ein Dörfchen ein. Vorneweg ritt der Kapetan.
Aus dem Gemeindehaus kam der Župan heraus, der seine alte Mutter am Arme führte. Als er den Offizier erblickte, verhielt er einen Augenblick lang den Schritt.
Wo hatte er den schon einmal gesehen?
Die alte Frau bemerkte das befremdende Verhalten ihres Sohnes.
»Kennst du den Kapetan?« fragte sie.
»Ja, Mutter«, entgegnete er, »ich kenne den Kapetan. Nur zu gut kenne ich ihn. Er stand bei den Österreichern, auf der Bukwa, als unser Peter neben mir fiel.«
Die alte Frau riß es bei diesen Worten gleichsam empor, und ihre dürren Finger umklammerten zitternd den Arm des Sohnes.
»Der also ist es?« sagte sie heiser, »und seine Soldaten haben damals meinen Peter erschossen, mein Kind, meinen Liebling? Und heute dient er unserem König und befiehlt über serbische Soldaten, die er selber noch vor Jahren zusammenschießen ließ.«
Ihre Trauer, aber auch ihr Zorn steigerten sich bis zum Äußersten, und gellend schrie sie auf: »Gehorcht ihm nicht, serbische Brüder, er hat meinen Peter erschossen!«
Aller Augen richteten sich auf die bebende alte Frau, die droben auf den Stufen des Gemeindehauses stand, hoch aufgerichtet wie eine Rachegöttin, bleich, und Strähnen ihrer grauen Haare, die sich im Winde gelockert hatten, flatterten um ihre Stirne. Aus ihren Augen loderten Haß und Schmerz.

»Gehorcht ihm nicht, serbische Brüder!« hub sie noch einmal an. »Der Karadjordje wird wohl noch andere Offiziere haben, als daß er solche braucht. Dir aber Fluch, Kapetan, der du die gleiche Sprache sprichst wie wir alle und der du zum gleichen prawoslawnen Herrgott betest, wenn du überhaupt noch beten kannst. Der du dennoch deinen Bruder schlugst, wie Kain!«

In wehmütiger Klage erstarb die Stimme, und nur mit Mühe konnte der Župan seine Mutter beruhigen und wieder in das Haus zurückführen.

Der Vorfall in dem kleinen Dorf an der Morava sprach sich herum, und die militärischen Stellen des jungen Jugoslawien gerieten in einen argen Zwiespalt. Bis ihnen eine neue Situation zu Hilfe kam. Das Königreich der Serben, Kroaten und Slowenen griff nach Kärnten und Steiermark, und man steckte Glogovac zu den Kontingenten, die sich um Marburg zum Angriff sammelten.

»Was wirst du tun?« fragte ihn ein Kamerad.

»Was ich tun werde? Kannst du dir nur im geringsten denken, daß ich marschieren werde?« entgegnete Glogovac. »Gegen meine alten Kameraden kämpfen werde?«

»Was wirst du tun?«

»Verrate mich nicht! Morgen gehe ich über die Grenze nach Österreich, ich werde dort wohl eine Heimat finden.«

»Du spielst mit dem Tode«, warnte der andere, »Deserteure werden erschossen!«

»Jok! Zuerst müssen sie mich haben«, entgegnete der Verfemte und meinte nachher: »Vielleicht sind sie froh, daß sie mich loswerden, den verfluchten ›bivschi‹ (Ehemaligen). Also z'bogom und auf Wiedersehen in Österreich!«

So hielt Glogovac den Waffenkameraden von einst die Treue, ward heimatlos in Österreich und auch in Ungarn und verstarb dann an Entkräftung in einem Armenspital in Budapest.
Vielleicht erinnert sich so mancher Zeitgenosse noch dieses Offiziers, denn er stand einmal als junger Leutnant zu Graz in Garnison.

DIE KROWOTOWITSCHE

Mit diesem Namen bezeichnete man jene sehr ehrenwerte Gesellschaft etwas schrulliger Kriegsleute, die in der kaiserlichen Armee meist als Offiziere und längerdienende Unteroffiziere gedient haben und deren Wiege in den Landstrichen südlich der Save stand, also in der Lika und der Korbavia, dem »desertum primum« der Türkenzeit, so zwischen Ogulin und Gospitsch, zwischen Ototschatsch und Bihatsch, kurzum in jenen legendenumsponnenen Gauen, die einmal zur »Confin«, der alten k. u. k. Militärgrenze, gehörten.

Sie zählten also zu den Abkömmlingen jener alten und getreuen altösterreichischen Soldaten, die vor Zeiten an dieser Confin gestanden und als die »Grenzer«, die tapferen Beschützer des Abendlandes, nicht nur in die Geschichte der Armee, sondern in die europäische Geschichte eingegangen sind.

Sind sie selber nicht mehr am Kordon gestanden, so war doch in ihren Adern das Blut der Grenze präsent geblieben und in ihnen der Geist und das Gehaben ihrer Ahnen. Und sie trugen die Erinnerung an diese oft so wunderlichen Gestalten bis in die neueste Zeit.

Die Kameraden aus den Erbländern aber hatten ihnen den eingangs erwähnten Namen verliehen, keineswegs als Hohn oder vielleicht gar als Schmähung oder Geringschätzung, sondern vielmehr als verdiente Auszeichnung im Gedanken an die ruhmreiche Vergangenheit ihrer Vorfahren.

Die Offiziere kroatischer Herkunft waren vor allem schwarzgelb bis in die Knochen, kaisertreu und gehorsam bis zum Äußersten, mitunter einmal ein bisserl dickschäd-

lig, immer aber liebenswerte Kameraden, die es verdienen, ins rechte Licht gestellt zu werden.
Waren das Dienstreglement die Bibel der Krowotowitsche und die Adjustierungsvorschrift der Koran, so waren alle anderen militärischen Vorschriften durchaus heilige Bücher, nach denen sie lebten und starben.
Es war also gewiß kein Wunder, wenn der Herr Hauptmann Dragutin Simonitsch einmal aus dem Häuschen geriet, als ihm sein dienstführender Feldwebel eines Morgens meldete: »Herr Hauptmann, ich melde gehorsamst, hat sich der Mirko Pasitsch heute mit Dienstgewehr Muster 95, Gewehrnummer 671, unter Mißbrauch der Friedenstaschenmunition erschossen.«
Ungläubig wiederholte der Hauptmann die Meldung.
»Was Sie sagen, Felwebel. Erschossen hat er sich, der Pasitsch, mit Dienstgewehr? Und Friedenstaschenmunition er hat dazu genommen? Das darf er doch nicht. Stehet genau in Vorschrift, wozu kann genommen werden Friedenstaschenmunition. Sicher aber nicht zu Erschießen.«

Oder war der Herr Oberst Wutschetitsch, der einmal bei einem Grazer Regiment gedient hat, nicht auch ein Opfer seines Vorschriftenfanatismus, als er sich einmal beim Moritz Tiller in Wien brieflich eine schwarze Salonhose »für etwas korpulenten Herren mittlerer Größe« bestellt hatte? Und als diese à la vue bestellte Hose angekommen war, wurde sie auch sofort anprobiert.
Kaum aber hatte der wackere Oberst sein neues Beinkleid angezogen, kam er auch schon sichtlich empört wieder aus seinem Zimmer und trat vor seinen Führungsgehilfen hin.

»Skandal«, donnerte er. »Schauen Sie einmal, lieber Maieritsch, was hat mir der Gauner, der Tiller, für eine Hose geschickt!«
Der Adjutant beäugte seinen Herrn von allen Seiten sehr genau, konnte aber an dem neuen Kleidungsstück keinen Makel entdecken. »Ich weiß nicht, Herr Oberst«, sagte er, »was an der Hose zu bemängeln wäre. Sie ist tadellos gearbeitet und sitzt trotz der mangelhaften Maßangabe auch tadellos. Direkt schlank sehen der Herr Oberst darin aus.«
»Was sagen Sie da«, entrüstete sich der Gestrenge, »fehlen tut nichts. Freilich, Sie haben recht, fehlen tut nichts, aber etwas zuviel hat die Hose.«
Der Adjutant war sehr erstaunt.
»Wie meinen? Zuviel hat die Hose? Was zuviel?«
»Ja, sind Sie blind, Maieritsch«, ereiferte sich der Chef, »mir kommt fast so vor. Was sie zuviel hat, die verfluchte Hose? Eine Bügelfalte hat sie, die Hose.«
»Eine Bügelfalte?« belehrte der Gehilfe nun seinen Herrn. »Eine Bügelfalte, die gehört doch dazu, Herr Oberst.«
Des Obristen Empörung potenzierte sich.
»Ja, vielleicht für euch, ihr jungen Kerle, gehört Bügelfalte dazu, weil ihr seid ja immer unvorschriftsmäßig adjustiert. Aber wenn ihr leset k. u. k. Adjustierungsvorschrift, so ihr werdet sehen, daß nichts darin stehet von einer Bügelfalte. Also ist sie unvorschriftsmäßig, die Hose, und Oberst Wutschetitsch nicht gehet unvorschriftsmäßig adjustiert herum. – Sofort, ich bitte, Sie packen Hose wieder ein und sie schicken dem Moritz Tiller und verlangen, daß sie wird ausgebügelt, die vorschriftswidrige Bügelfalte.«

Weil es in der Vorschrift für Kassentransporte schwarz auf weiß zu lesen stand, versammelte Hauptmann Prpitsch seinen Rechnungsunteroffizier und den Dienstführenden und eröffnete ihnen das Nachfolgende.
»Ist über Befehl des Regimentskommandos die Kompagniekasse beim Regiment zu deponieren. Laut Vorschrift sind zuerst drei Schlösser an der Kassa anzubringen. Haben wir drei Schlösser, Rechnungsunteroffizier?«
»Jawohl, Herr Hauptmann, haben wir.«
»Ist gut«, fuhr der Hauptmann fort. »Kassa gehet mit Bahntransport in Regimentsstation. Deshalb ist vom Stationsvorstand eigenes Abteil anzufordern. Sie also das veranlassen, Felwebel! Und wenn er nicht gibt eigene Abteil, der Vorstand, dann verhaften!«
»Jawohl, Herr Hauptmann«, sagte der, »ich werde es veranlassen.«
»Weiters ist Transportwache zu stellen, ein Zugsführer und acht Mann, Marschadjustierung und Kriegstaschenmunition. Das Sie werden veranlassen, Felwebel, und Sie sich werden genau erkundigen, wann gehet Zug nach Zagreb.«
»Werde ich alles, Herr Hauptmann.«
»Noch etwas, Felwebel«, instruierte der Hauptmann weiter, »hat sich während ganze Transport immer ein Mann mit aufgepflanztem Bajonett auf Kassa zu sitzen und ist wie Posten alle zwei Stunden abzulösen. Übrige Wache hat sich vor Abteil aufzuhalten. Verstanden?«
Als nun alle Beteiligten ihr Verständnis eingestanden hatten, fragte der Hauptmann noch den Rechnungsunteroffizier: »Und jetzt Sie mir sagen, Rechnungsunteroffizier, wieviel ist in Kassa überhaupt Geld?«

»Melde gehorsamst«, rapportierte derselbe, »vier Kronen und zwanzig Heller.«
Gelassen meinte nachher der Hauptmann: »So? Ist ein bissel nicht viel. Aber nichtsdestotrotz ist Vorschrift zu beachten!«
Es ist die Schreibung »Felwebel« kein Druckfehler, lieber Leser. Der Krowotowitsch sagte so.

Auch privatim waren die Vorschriften immer Richtschnur jeglichen Tuns. Es war einmal verordnet worden, von den sonst üblichen telegrafischen Gratulationen anläßlich von Beförderungen, Geburtstagen und sonstigen Gelegenheiten Abstand zu nehmen.
Hauptmann Prpitsch, der seinem Major zur Beförderung zum Oberstleutnant zwar gratulieren, sich andererseits aber an dem ergangenen Befehl nicht versündigen wollte, kam in argen Gewissenskonflikt. Er löste ihn aber auf klassische Art und depeschierte:
»Indem wegen Erlaß des Kriegsministeriums vom Soundsovielten telegrafische Gratulationen verboten sind, muß beabsichtigtes Telegramm leider entfallen. Bedaure sehr.
Prpitsch, Hauptmann.«

Wenn man den Begriff »konservativ« etwa mit »Dickfelligkeit« übersetzt, so trifft dies manchmal für die Krowotowitsche wirklich zu. Insbesondere wenn es um Neuerungen ging.
Da befahl das Regiment, weil zufolge großer Beanspruchung der Brunnen schon Wassermangel aufzukommen drohte, es habe jede Kompagnie an den in ihrem Rayon

gelegenen Brunnen Wasserstandsmessungen durchzuführen und das Ergebnis in Kubikmetern zu melden.
Hauptmann Prpitsch, der quasi den Standard-Krowotowitsch in vorliegenden Histörchen darstellt, meldete: »Gemäß Regimentskommandobefehl vom Soundsovielten wird gemeldet, daß der Wasservorrat im Brunnen der vierten Kompagnie zirka 18.000 Liter beträgt.«
Worauf der Herr Oberst aus dem Häuschen geriet.
»Ich möchte nur wissen«, begehrte er auf, »wozu man etwas befiehlt, wenn es dann doch nicht befolgt wird. Da habe ich befohlen, die gemessene Wassermenge in Kubikmetern anzugeben, und der Prpitsch meldet in Litern. Immer haben sie Extrawürste, die Herren Kroaten. Ich lasse den Herrn Hauptmann Prpitsch zu mir bitten!«
Und als der biedere Krowotowitsch vor seinem Obersten stand, fuhr ihn der äußerst ungnädig an.
»Herr Hauptmann, ich möchte schon sehr bitten, meine Befehle genauestens zu befolgen. Die Wassermengen waren in Kubikmetern anzugeben und nicht in Litern. Ich kann doch nicht eine halbe Stunde lang oder noch länger herumrechnen, und mein Adjutant hat auch nicht die Zeit dazu. Warum halten Sie sich nicht an meine Anordnungen, Herr Hauptmann?«
»Weil ist«, argumentierte derselbe, »gehorsamst zu melden, Herr Oberst, Kubikmeter eckig und sind alle Flüssigkeiten wie Rakija, Bier und Wein und auch der Wasser rund, und ist rund auch der Liter.«
Welcher Argumentation sich auch der Herr Oberst nicht ganz verschließen konnte.

Außerhalb der Vorschriften gab es auch Befehle. Sie wurden mündlich oder schriftlich erteilt.
Einen Befehl nicht wortwörtlich zu befolgen, war ein Sakrileg. So etwas gab es für einen echten und rechten Krowotowitsch auf keinen Fall.
Es war einmal an einem sehr, sehr heißen Manövertag, an welchem ein Infanteriebataillon kampfgerüstet durch die Gegend marschierte. Ein Zufall war es, daß alle vier Kompagniekommandanten ausgerechnet Krowotowitsche waren. Verschlafen dösten sie auf ihren Streitrossen, die gemächlich an der Spitze der Kompagnien dahertrotteten, und stöhnten vor Hitze.
Ganz vorneweg ritten der Herr Bataillonskommandant und sein Adjutant.
Da meinte der letztere: »Herr Major, ich denke, es wäre gut, Marscherleichterungen zu gestatten. Die Sonne meint es heute allzu gut mit uns, und die Leute schwitzen und schnaufen ganz fürchterlich. Zum Schluß gibt es noch ein paar Hitzschläge.«
»Sie haben recht«, stimmte der Gestrenge zu. »Ich habe ganz darauf vergessen. Avisieren Sie bitte das Nötige!«
Der Adjutant wandte sich im Sattel um und avisierte: »Krawatten herunter, Blusenknöpfe aufmachen und Blusenärmel aufstülpen. Weitergeben!«
Daß man unter Krawatten die in der Armee verwendeten Halsstreifel verstand, sei am Rande bemerkt.
Also ging das Aviso von der Tete durch alle Kompagnien bis an die Queue des Bataillons und wurde von allen zustimmend und dankbar zur Kenntnis genommen.
Als sich dann der Herr Major nach einiger Zeit einmal

umschaute und seinen Heerbann überblickte, bemerkte er, daß alle vier Hauptleute abgesessen waren und mit offenem Kragen und aufgestülpten Ärmeln verdrossen neben ihren Gäulen daherlatschten. Er hielt an und fragte den ersten herankommenden Hauptmann: »Warum, mein lieber Freund, bist du und die anderen Herren eigentlich abgesessen? Bei dieser Affenhitze ist es ja angenehmer, man reitet.«
»Freilich ist Reiten besser, Herr Major«, entgegnete dieser, »aber ist doch befohlen worden ›Krowatten herunter‹, also haben wir Befehl befolget und sind abgesessen.«

Einmal stand im Regimentsbefehl: »Auf die Pflege der Pferde ist besonders Bedacht zu nehmen und sind die Pferdewärter diesbezüglich streng zu überwachen. Es gelte vor allem der Grundsatz, daß einmal gut geputzt schon halb gefüttert ist.«
Worauf der Herr Hauptmann seinen Dienstführenden kommen ließ und ihn vorerst fragte: »Felwebel, haben Sie gelesen Regimentsbefehl wegen Pferdepflege?«
»Hab ich, melde gehorsamst, Herr Hauptmann.«
»Also«, ordnete der Hauptmann daraufhin an, »von heute an ist mein Reitpferd statt einmal zweimal zu putzen und nur einmal zu füttern. Verstanden? Sagen Sie das dem Pferdewärter!«

Befolgte der Krowotowitsch die Vorschriften selber wortgetreu, so verlangte er die Anwendung derselben auf seine eigene Person auch haargenau nach dem Wortlaut. Da waren verschiedene Dienstesverrichtungen wie Aufsicht beim Kirchgang der Mannschaft, beim Baden und noch andere, alle streng an eine Tour gebunden, die auszuarbeiten stets Aufgabe der Adjutanten war. Jeder aber war auf die genaue Einhaltung solcher Tour erpicht, ganz besonders dann, wenn es sich um unbequeme Dinge handelte, wie es zum Beispiel der Kirchgang angesichts der durch ihn gestörten Sonntagsruhe war. Man kann es also begreifen, daß der Oberleutnant Stevo Durtschitsch sehr empört war, als er an zwei aufeinanderfolgenden Sonntagen zum Kirchgang kommandiert wurde.

Er rasierte sich – solches taten die Krowotowitsche auch dann, wenn sie einen Dienstzettel schreiben mußten –, setzte sich an den Tisch und verfaßte eine schriftliche Beschwerde wie folgt:

»Ich bin nun zwei Male außer der Tour zum Kirchgang befohlen worden. Zwar bin ich ein alter und gehorsamer Soldate, der jeden Befehl blindlings befolget. Und wenn das Regimentskommando mir befehlet, vom Kirchturm herunterzuspringen und wenn es sein muß und es hat auch keinen Zweck, so ich werde springen. Aber immer habe ich Anspruch auf Einhaltung der Tour, die vom hochlöblichen Regimentskommando ist festzusetzen gemäß Dienstreglement Punkt 312, Absatz I, linea b, vierte Zeile von oben.«

»Ja das Schreiben und das Lesen, war nie ihr Fach gewesen«, so könnte man, das schöne Lied aus dem Zigeunerbaron variierend, auch von den Krowotowitschen singen. Vielleicht ging es mit dem Lesen etwas besser, als das Studium der einzigen für sie vorhandenen Literatur, der Vorschriften und Reglements, immerhin eine gewisse Fertigkeit involvierte. Doch mit dem Schreiben war es eine eigene Sache, der man sich gar nicht gerne unterwand und die meistens umfangreiche Vorbereitungen verlangte. Am liebsten hielt man sich an das gesprochene Wort und schrieb nur, wenn es gar nicht zu vermeiden war.

Oberleutnant Stevo Durtschitsch kam einmal in die Papierhandlung in Banjaluka und verlangte: »Ich bitte, Sie geben mir 20 Bogen Schreibpapier, einen Faulenzer, einen Federstiel, ein Lineal, einen Bleistift, fünf Radiergummi, 15 Schreibfedern und 20 Kuverte.«

Als sein bester Freund und Regimentskamerad, Oberleutnant Wendelin Trechsler, auch ins Geschäft kam und den Großeinkauf seines Kameraden sah, fragte er: »Ja sag mir einmal, lieber Durtschitsch, was ist denn mit dir los? Willst du einen Roman schreiben, eine Doktorarbeit oder gar deine Memoiren? Ich mein, die letzteren müßten ja recht interessant werden, du alter Casanova, wenn du bei der Wahrheit bleibst und nichts verschweigst.«

»Was heißt schon Memoiren oder Roman«, brummte der Krowotowitsch, »ich nicht schreiben solchen Unsinn. Wer würde ihn auch lesen? Aber Dienstzettel ich muß schreiben ans Regiment.«

»Und da brauchst du so eine Menge Schreibwaren?« verwunderte sich der andere.

»Was weißt du, wie lange es dauert und wieviel man muß probieren, bis er paßt, der Dienstzettel!«

Bei solchen Schwierigkeiten war es also kein Wunder, wenn auch Hauptmann Prpitsch eine vom Regimentskommando beabsichtigte Vereinfachung des administrativen Verkehres innerhalb des Regiments – gemeint war natürlich der Schriftverkehr – aus ganzem Herzen begrüßte. Nur dürfte sein Vorschlag der löblichen Absicht nicht ganz dienlich gewesen sein. Er schrieb nämlich: »Zur Vereinfachung des Verkehres ich schlage vor, daß die Mannschaft ab sofort ›ohne Schritt‹ zum Baden geführt wird.«

Andererseits wußten sie aber wiederum ihre Gedanken recht wohl zu formulieren, besonders dann, wenn sie etwas, wie man sagt, nicht im Klartext ausdrücken wollten, sondern gewissermaßen verschlüsselt. Da meldete aus gegebener Veranlassung der Hauptmann Momtschilo Kasitsch in Kalinovik an die Intendanz: »Für den Antransport der Schießeinrichtung für die Gebirgsbatterie V/4 auf Veliko brdo wurden sechs Esel als Tragtiere gebraucht. – Um Genehmigung wird gebeten.« Aus Wien kam dann folgende Bemängelung: »Die Verwendung von sechs Eseln zum Antransport der Schießeinrichtung für die Gebirgsbatterie V/4 auf Veliko brdo kann nicht genehmigt werden, weil zu diesem Behufe auch mit vier Eseln hätte das Auslangen gefunden werden müssen. Die entstandenen Mehrauslagen werden dem Batteriekommandanten zum Ersatz vorgeschrieben.«

Meinte der brave Momtschilo zu seinem Rechnungsunteroffizier: »Vrag! Jok! Nichts werde ich ersetzen«, und diktierte demselben den nachfolgenden Schrieb: »Indem die Verwendung von sechs Eseln zum Antransport der Schießeinrichtung für die Gebirgskanonenbatterie V/4 auf Veliko brdo nicht genehmigt wurde, wird berichtet, daß sich hierorts nur Esel kleinen Schlages befinden, die auch nur

wesentlich kleinere Lasten zu tragen imstande sind. Es ist möglich, daß bei löblicher Intendanz in Wien größere Esel zur Verfügung stehen, doch konnte ein rechtzeitiges Eintreffen derselben nicht mehr abgewartet werden, weshalb eine Anforderung unterblieb.«
Nach dieser Rechtfertigung des wackeren Momtschilo war von einer Ersatzvorschreibung keine Rede mehr.

Nötige Entscheidungen waren für einen rechten Krowotowitsch überhaupt völlig problemlos.
Da hielt der Hauptmann Konstantinowitsch Rapport ab. Kam der Mujo daher und meldete, daß er mit seiner Löhnung nicht auskäme.
Forschte der Hauptmann: »Warum du kommest nicht aus? Stehet im Dienstreglement ganz genau, daß hat der Soldat mit seiner Löhnung auszukommen. Warum du also nicht?«
Der brave Mann wußte keinen Grund.
»Und deine Kameraden«, fragte der Hauptmann weiter, »sie auch nicht auskommen?«
»Kommen auch nicht aus, sie haben gesagt«, berichtete Mujo.
»Na dobro!« rief der Hauptmann zufrieden aus, »wenn andere auch nicht auskommen, warum du brauchest nachher Extrawurst?«

Der Herr Oberst von den Achtundsiebzigern, ein zur Truppendienstleistung abkommandierter »Flaschengrüner«, wie man die Generalstäbler im Armeejargon nannte, hatte einmal eine glorreiche Idee und gab derselben im Regimentsbefehle wie folgt Ausdruck: »Es haben alle Kompagnien in der nächsten Woche die Verschleierung mittels Rauch zu üben und sind solche Übungen des öfteren zu wiederholen, denn eine zweckmäßige Verschleierung der eigenen Bewegungen erspart im Ernstfalle Blut. Das haben uns die Japaner gelehrt. Ausdrücklich bemerkt aber wird, daß solche Übungen keine zusätzlichen Kosten verursachen dürfen und könne aus solchem Titel ein Mehrverbrauch an Brennholz nicht akzeptiert werden.«

Kam dann etliche Tage später der Hauptmann Vukadinowitsch zu seinem Freunde Daditsch auf den Exerzierplatz. Zuerst hatte er denselben mitsamt seiner ganzen Kompagnie beinahe nicht finden können, denn der ganze Exerzierplatz war in dichte Rauchwolken gehüllt, in denen Offiziere und Mannschaften der totalen Verschleierung anheimgefallen waren.

Als er ihn endlich gefunden hatte, meinte er: »Servus brate! Was machest du? Schaut ja aus ganzer Exerzierplatz wie bei Lekwakochen in Ototschatsch, alles voll Rauch. Kaum man kann Luft kriegen.«

»Übe ich Verschleierung«, klärte ihn der andere auf, »Verschleierung durch Rauch, wie stehet im Regimentsbefehl, Punkt vier!«

»Habe ich mir auch gedacht, sehe ich. Kann nur Traumdeuter flaschengrüner solche Schnapsidee haben. Verschleierung und nichts sie soll kosten. Aber sag mir, brate, woher du hast soviel Rauch? Kann man ja auf Handbreite nichts sehen und kaum atmen. Woher du hast Material, daß du gar kannst Sonne verfinstern? Muß dir ja viel gekostet haben.«

»Nichts hat mir gekostet Material«, lachte der andere.

»Alles, was ich nicht brauche in Kompagnie, ich habe zusammentragen lassen, auf Haufen legen und angezunden. Alle Regimentsbefehle, Bataillonsbefehle, Urlaubsscheine und Dienstzettel, weil ich so nicht brauche. Nur nicht Reglements und Adjustierungsvorschrift, weil hat Seine Majestät erlassen. Aber sonst noch alles, was übrig ist geblieben vom Papierkrieg. Und alles das macht Rauch genug.«
»Pa dobro, brate«, sagte zufrieden der Vukadinowitsch, »ich das werde auch machen, habe auch genug solchen Mist in Kanzelei.«

Platzvogel zu sein, das war ein besonderes Recht der alten Grenzer und auch der Grenzersöhne, jener um ihrer Eigenart so liebenswerten Fossilien einer militärischen Eiszeit, die aber zufolge Ruhm, Ehre und Verdienst der Erinnerung durchaus wert sind.
Vorerst wird aber noch eine kleine Erklärung vonnöten sein, denn mit der Bezeichnung »Platzvogel« hatte es eine besondere Bewandtnis, als diese Benennung eine Art Spitzname darstellt, den der stets treffende Soldatenwitz jenen wichtigen Offizieren der alten Armee taxfrei verliehen hatte, die laut Dienstreglement I. Teil den Stationskommandanten der verschiedenen Garnisonen als unterstützende und ausführende Organe beigegeben waren, den sogenannten Platzkommandanten. Zu deren reichhaltigen Obliegenheiten – wie Regelung und Überwachung des Garnisonsdienstes, Besorgung von Quartieren, Evidenzführung der in den Garnisonen einfallenden Urlauber und Organisation militärischer Festlichkeiten, angefangen vom

Garnisonsball bis zum ärarischen Leichenbegängnis – gehörte als vordringlichste Aufgabe wohl die Überwachung der Adjustierung, der Disziplin und des standesgemäßen Betragens einzeln auftretender Militärpersonen außerhalb der Kaserne.
Solcher Arbeitskreis behagte besonders den Krowotowitschen, und beendeten diese Käuze auf diese Art meist ihre militärische Laufbahn in der Majorscharge neben allerlei anderen kriegerischen Verwendungen – wie Friedhofkommandant in Ototschatsch, Schwimmschulkommandant in Gospitsch und, wenn es ganz hoch herging und einer besonders Glück hatte, als Fußwaschungsmajor im Offiziersinvalidenhaus in Lainz, also quasi am allerhöchsten Hoflager. Da es aber nicht allzu viele Schwimmschulen und Militärfriedhöfe im alten Österreich gab und auch die Zahl der Fußwaschungsmajore mit zwölf beschränkt blieb, verwendete man diese Zeugen einer großen Vergangenheit eben als Platzvögel, und es entwickelten sich die Inhaber dieser »kriegsentscheidenden« Funktion mit der Zeit zu Superplatzvögeln, was Genauigkeit und Korrektheit anbetraf.
Waren die oben genannten Verwendungen auf Friedhöfen und in Schwimmschulen wohl nur fiktiv, also nur Erfindungen des Soldatenwitzes, so soll es dem Vernehmen nach tatsächlich biedere Krowotowitsche gegeben haben, denen die armeeübliche Redensart von einem »Platzkommando in Jericho« angesichts des Umstandes, daß der österreichische Kaiser auch König von Jerusalem war, keineswegs eine unrealisierbare Angelegenheit bedeutete.
Da war einst zu Banjaluka der Herr Major Mirko Tschuditsch wohlbestallter Kommandant des Platzes. War er in

Begleitung seiner besseren Hälfte, pflegte er sich immer wie folgt vorzustellen: »Ich bin der Platzmajor Mirko Tschuditsch und dies ist meine Gattin, die Frau Platzmajor Branka Tschuditsch.«
Zu besagtem alten brate kam einmal anno vierzehn, gleich nach dem unglückseligen achtundzwanzigsten Juni, der Leutnant Kanari von den Hundertern, um sein Einrücken aus Sarajevo zu melden, wo er selber Augenzeuge des traurigen Geschehens war. »Herr Major, ich melde gehorsamst meine Einrückung aus Sarajevo.«
Mit tiefem Ernste dankte der Platzvogel, schritt dann feierlich auf den Kleiderständer zu, umgürtete sich mit dem Säbel, setzte seine Kappe auf und trat in strammster Haltung vor den verdutzten Leutnant hin.
»Herr Leutenant«, begann er mit tränenumflorter Stimme, »Seine kaiserliche Hoheit, der Herr Erzherzog Thronfolger Franz Ferdinand d'Este und hochdero Frau Gemahlin, die Frau Herzogin von Hohenberg, sind in Sarajevo dem ruchlosen Attentate subversiver Elemente serbischer Nationalität zum Opfer gefallen. – Mein innigstes Beileid!«
»Leider ja, Herr Major«, bekannte etwas verwundert der Kanari. »Es ist ganz fürchterlich. Ich komme gerade aus Sarajevo, und habe ich die ganze traurige Geschichte mitgemacht. Bin sogar nachher vor dem Konak Posten gestanden mit Gewehr und Patrontaschen.«
»Ist gut, Herr Leutenant«, erwiderte der Major, »aber nichtsdestotrotz mein innigstes Beileid.«
Sprachs, reichte dem jungen Offizier die Hand, nahm dann die Plempe von seinem Leibe und hängte sie mitsamt der Kappe wieder an die gehörige Stelle.

Es war eben ein uralter Brauch unter den schwarzgelben Grenzern, sich gelegentlich eines Trauerfalles im Erzhause gegenseitig zu kondolieren, genauso, als handle es sich bei dem Toten um einen ganz nahen Verwandten. Mit Recht, denn sie waren ja des Kaisers allertreueste Söhne, diese alten Granitschari.

Kamen die Krowotowitsche fast alle aus Gegenden, die »fern von Madrid«, lies: ferne von der Großstadt, lagen, wo sie ein mehr oder minder beschauliches und von der Kultur nur wenig gestörtes Leben führten, so wußten sie dennoch recht gut, was sich gehörte, und wurden mitunter nahezu Männer von Welt – oder gaben sich wenigstens den Anschein, solche zu sein.

So gingen sie sogar mitunter oft mit der Mode, so wie der Oberst Radoschewitsch, der sich einmal Lackschuhe angeschafft hatte und sehr enttäuscht war, daß niemand in seinem Stabe von diesem fast sensationell zu nennenden Ereignis besondere Notiz nahm.

Um diese Nichtbeachtung irgendwie abzustellen, trat er seinem Adjutanten einmal recht kräftig auf die Zehen.

»O bitte, lieber Fiedler«, entschuldigte sich der Gestrenge, »entschuldige vielmals. Ich dich nicht habe gesehen.«

»O bitte, Herr Oberst, nichts zur Sache.«

»Aber hast du nichts bemerkt?« fragte der Chef nun.

»Nicht daß ich wüßte! Nur daß Herr Oberst etwas gewichtig sind, ich meine auch körperlich.«

Etwas enttäuscht entgegnete der nun: »Sonst nichts? Das weiß ich schon selber, daß ich bin leider etwas zu schwer. Aber nicht hast du bemerkt – *Lakeser?*«

Sehr viel zugute hielten sie sich auch auf ihre Weltkenntnisse, wenn sie auch die Grenzen der Korbavia kaum einmal überschritten hatten. So wie unser Prpitsch, der seiner Oberstin, einer flotten Wienerin, die ihm als Tischdame einmal zugeteilt war, imponieren wollte.
Da fragte ihn diese: »Nun, Herr Hauptmann, ich habe gehört, daß Sie schon sehr viel gereist sind.«
Stolz warf sich der in die Brust.
»Das kann ich wohl sagen, Gnädigste. War ich zehn Jahre in Ogulin, acht Jahre in Ototschatsch, fünf Jahre in Gospitsch, und jetzt, jetzt ich bin gar in Zagreb. Wie man bei Militär herumkommt in der Welt!«
»Na also, gar so viel ist das nicht«, meinte die Dame. »Und in Wien waren Sie noch nicht?«
»Nein, bogami, wohin Sie denken, gnädige Frau. Ist Wien seehr weit und seehr teuer. Kann ich mir leider nicht leisten.«
»Und da in Agram gefällt es Ihnen und sind Sie zufrieden?« wollte die Oberstin noch wissen.
»O seehr gut mir gefällt es in Zagreb, und ich bin seehr zufrieden, denn ich habe die beste Kompagnie bekommen im Regiment.«
»Also haben Sie lauter stramme Burschen?«
»Nun, das kann ich heute noch nicht sagen, weil ich Leute noch nicht alle kenne«, berichtigte er die Meinung seiner Dame. »Aber ich habe ganz ausgezeichneten Rechnungsunteroffizier, sehr viel noch ausgezeichneteren Felwebel, volles Magazin, alle Dienstbücher und Vorschriften vollständig neu, seehr gut gebunden und kaum benützt, also alles Grund, daß ich bin seehr zufrieden.«

Von Prpitsch und seiner Oberstin ist noch ein anderes Histörchen überliefert.

Da gab es im Offizierskasino wieder einmal eine der so beliebten ärarischen Wohltätigkeitsfeste. Die Frau Oberst betreute das Champagnerzelt und kredenzte jedem, der es wollte oder auch nicht wollte, ein Glas perlenden Schaumweines.

Als der Prpitsch vorüberstelzte, flötete sie: »Darf ich Ihnen, lieber Herr Hauptmann, nicht auch ein Glas Champagner anbieten?«

»O bitte, warum nicht«, sagte dieser galant, »aber bitte, was kostet der Glas?«

»Drei Kronen, lieber Hauptmann. Wenn ich aber daran nippe, müssen Sie fünf Kronen zahlen. Man muß für die Wohltätigkeit halt ein kleines Opfer bringen.«

Es sei vermerkt, daß man bei solchen Veranstaltungen auch ab und zu – nur um der Wohltätigkeit zu dienen – sogar ein Küßchen verschenkte. Doch die Frau Oberst beschränkte sich auf ein charmantes Nippen, anhoffend, daß der nach ihr Trinkende zum Zeichen feuriger Verehrung an der gleichen Stelle seine bärtigen Lippen ansetzen werde, an der sie genippt hatte. Es soll dem Vernehmen nach dies ein alter Brauch und schon unter Troubadouren und Minnesängern geübt worden sein.

Also nippte die etwas überreife Dame mit züchtigen Lippen von dem kühlen Naß und reichte den Kelch an den Hauptmann weiter. Sintemal der Krowotowitsch weder ein Troubadour noch ein Minnesänger war, stellte er das Glas auf den Tisch, zog sein Geldbörsel, entnahm demselben ein Fünfkronenstück, legte es dazu und sagte: »So, bitte, gnädige Frau, hier sind fünf Kronen für Wohltätigkeit, und jetzt, bitte, Sie mir geben neuen Glas. Schickt sich doch nicht, aus einem Glas zu trinken, wenn wir nicht sind sehr intim.«

Ja sie wußten schon, was sich gehörte, und weil er den richtigen Benimm hatte und sich getraute, contra jedwede Vorschrift eine Bügelfalte an der Hose und einen um zwei Zentimeter höheren Kragen zu tragen, wurde Oberleutnant Stevo Durtschitsch zum Hofball kommandiert. Es wurden zu solcher Festivität aus allen Garnisonen des weiten Reiches Offiziere delegiert.

Deshalb durfte er schon etwas anspruchsvoller sein, als er im Schnellzug, willens zu speisen, den Speisewagen aufsuchte und an einem Tischchen Platz nahm.

Der Kellner fragte: »Herr Oberleutnant wünschen zu speisen?«

»Wozu die Frage«, meinte derselbe. »Sonst ich nicht wäre gekommen in Speisewagen. Was also man kann bekommen?«

»Wünschen der Herr Oberleutnant à la carte zu speisen«, stellte ihn der Ganymed vor die Wahl, »oder table d'hôte?«

»Was, sonst Sie haben nichts?« brummte der Krowotowitsch, »als nur zwei Sachen. Wozu denn dann so großer Waggon?«

Noch ein kleines Histörchen zum Abschluß. Einmal war der Hauptmann Karl Sieba, auf der Durchreise begriffen, im Speisesaale des einzigen repräsentativen Hotels in Ogulin und nahm dort sein Abendessen ein. Zwei würdige alte

Herren in Zivil betraten den Saal, und der Wirt dienerte devot und geschäftig um die beiden herum.
»O sluga pokoran, guten Abend, Exzellenzen. Bitte dort ich habe schon Tisch reserviert. Ist gefällig Platz zu nehmen, Exzellenzen, izvolite!«
Der Hauptmann, neugierig geworden, rief den Wirt herbei.
»Sie, sagen S' mir einmal, wer sind denn die beiden Exzellenzen und welche Chargen haben sie?«
»O nicht sie haben hohe Charge«, erklärte nun der Wirt, »die beiden Herren. Ist der eine, der größere, der Leutnant Ante Pasitsch und der kleinere der Leutnant Ivo Gasditsch.«
»Was?« verwunderte sich der Hauptmann. »Leutnants sind die zwei, und Sie sagen Exzellenz zu ihnen?«
»Ist so, gospod kapetan. Sind beide Herren gewesen beim Oguliner Regiment, und sind alle zwei gegangen in Pension vor 45 Jahren. Und haben ausgerechnet, daß sie heute wären, wenn sie wären geblieben beim Militär, schon Feldmarschalleutnant oder gar General der Infanterie oder sonst noch höher. Und deshalb sie sich anreden mit Exzellenz und ich auch sie so anrede.«

118.-
3Oe